Huanjing Wuli Jiaoyu Yanjiu

环境物理教育研究

李星 张辉 刘丽 / 著

中国矿业大学出版社

·徐州·

内 容 提 要

人类生存于所处的由声、振动、光、热、电磁、放射性等物理性因素共同构成的物理环境之中,同时也影响着这个物理环境。为了唤起人们对环境物理性问题的关注,本书将自然科学、环境科学和环境教育学有机地结合在一起,将环境物理性污染危害和防治的最新信息与发展动态呈现给广大读者,使人们通过阅读本书增强对环境物理性污染的了解和重视,建立起新的发展观、价值观和道德观。

本书可供从事环境物理学研究以及致力于进行环境物理教育的人员参考。

图书在版编目(CIP)数据

环境物理教育研究/李星,张辉,刘丽著.—徐州:
中国矿业大学出版社,2023.5
　ISBN 978-7-5646-5827-4

　Ⅰ.①环⋯　Ⅱ.①李⋯②张⋯③刘⋯　Ⅲ.①环境物
理学—环境教育　Ⅳ.①X12

中国国家版本馆 CIP 数据核字(2023)第 083508 号

书　　名	环境物理教育研究	
著　　者	李　星　张　辉　刘　丽	
责任编辑	何晓明　吴学兵	
出版发行	中国矿业大学出版社有限责任公司	
	(江苏省徐州市解放南路　邮编221008)	
营销热线	(0516)83885370　83884103	
出版服务	(0516)83995789　83884920	
网　　址	http://www.cumtp.com　**E-mail**:cumtpvip@cumtp.com	
印　　刷	苏州市古得堡数码印刷有限公司	
开　　本	787 mm×1092 mm　1/16　**印张** 11.5　**字数** 225 千字	
版次印次	2023 年 5 月第 1 版　2023 年 5 月第 1 次印刷	
定　　价	51.00 元	

(图书出现印装质量问题,本社负责调换)

前　言

　　人类生存于所处的由声、振动、光、热、电磁、放射性等物理性因素共同构成的物理环境之中,同时也影响着这个物理环境。随着社会生产的发展和人类物质文明水平的不断提高,全球环境问题日益凸显。我国的可持续发展是以经济、社会、人口、资源、环境的协调发展为目标的,要在保持经济高速增长的前提下实现环境质量的不断改善,环境物理教育是实现这一战略的重要途径之一。"环境保护,教育为本",这是正确认识和处理环境与教育关系的准则。环境物理教育是环境教育的一个重要方面,是解决环境物理性问题的最基本的手段和措施之一。通过环境物理教育能够唤起人们保护物理环境的意识,进而提高我国的环境保护水平。

　　本书将自然科学、环境科学和环境教育学有机地结合在一起,为了唤起人们对环境物理性问题的关注,在将环境物理性危害和防治的最新信息与发展动态呈现给广大读者的同时,把环境科学知识同环境文化、可持续发展等新概念和新观点科学紧密地联系起来,使人们通过阅读本书,增强对环境物理性污染的了解和重视,建立起新的发展观、价值观和道德观,并采取积极得当的措施改善人类生存的物理环境,从而获得更好的生活质量。本书在撰写过程中,刘兆伟教授、马桂新教授、宋戈教授、刘力教授通读全稿,他们从不同角度提出了许多宝贵的意见,对本书的成稿很有裨益,在此谨对他们的帮助表示敬意和

环境物理教育研究

1

感谢！在编写过程中还引用了有关文献的一些图表和资料,在此一并向文献作者表示感谢！

　　环境物理教育还处在发展之中,由于编写时间较短,加之水平有限,书中难免有疏漏之处,敬请读者不吝指正。

著　者

2022 年 12 月

目　录

第3篇 环境物理教育的实施

第1篇
环境物理教育概述

第1章　环境物理教育的缘起

　　环境是人类赖以生存、繁衍和发展的基本条件。人类社会发展的历史也是人类改造、利用环境的历史。目前,环境污染已经成为摆在世界各国面前的重大问题。当大自然的自净能力无法完全消除各种有害物质时,生态平衡就会被破坏,环境随之退化,直接危及人类安全。由于无知或不关心,我们可能给我们的生活幸福所依靠的地球环境造成巨大的无法挽回的损害。为了保证可持续发展战略的实施和环境保护目标的实现,我们必须加强环境教育。通过教育提高人们的环境意识,帮助人们正确认识环境和环境问题,学习有关环境与环境科学方面的知识,逐步实现人的行为与环境相和谐的终极目的。

1.1　环境教育的兴起和发展

　　随着科学技术的迅猛发展,在人类物质文明水平不断提高的同时,全球环境问题日益凸显。面对大自然报复性惩罚的加剧,人类逐渐认识到环境的价值以及人类社会的发展受到自然环境的制约。人类社会的可持续发展,依赖于全人类传统发展观和传统自然观的根本转变,依赖于人类思维方式的根本转变,而这种转变的实现要靠教育的手段来完成,有了比较充分的知识和采取比较明智的行动,我们就可能使我们自己和我们的后代在一个比较符合人类需要和希望的环境中过着较好的生活,于是一个崭新的教育领域——环境教育应运而生。

1.1.1　环境

　　"环境"一词的应用很广泛,它的含义和内容很丰富。在不同的学科中,"环境"一词的科学定义各不相同。

　　就环境科学而言,环境是以人类社会为主体的外部世界的总体。这里所说的外部世界既包括天然自然要素,如阳光、空气、陆地(山地和平原等)、水体(河流、湖泊和海洋等)、天然森林、草原和野生动物等,又包括加工改造过的自然要素,如城市、村落、水库、港口、公路、铁路、空港、园林等。它不仅包括这些物性要素,而且也包括这些要素所构成的系统及所呈现出的状态。

对于人类,环境就是指人类的生存环境。人类的生存环境不同于植物、动物的生存环境,也不同于所谓的自然环境。我们今天赖以生存的环境,是由简单到复杂、由低级到高级发展而来的。它既不是单纯由自然因素构成,也不是单纯由社会因素构成,而是在自然背景的基础上,经过人类的改造加工形成的。它凝聚着自然因素和社会因素的交互作用,体现着人类利用和改造自然的性质和水平,影响着人类的生产和生活,关系着人类的生存和健康。因此,人类的生存环境并不限于自然因素,也包括人为的社会因素,它应当是人类周围所有事物和力量的总和。

1.1.2　世界性的环境问题

近几十年来,随着科学技术的迅猛发展,人类从自然界攫取的资源越来越多,向自然环境排放的废弃物也与日俱增,最终形成公害,给公众的生命财产带来了严重的危害。引发的主要世界性的环境问题有全球气候变暖、臭氧层的耗损与破坏、生物多样性减少、酸雨蔓延、森林锐减、土地荒漠化、大气污染、水体污染、能源危机、危险性废物越境转移等。

（1）全球气候变暖

由于人口的增加和人类生产活动的规模越来越大,向大气释放的二氧化碳（CO_2）、甲烷（CH_4）、一氧化二氮（N_2O）、氯氟碳化合物（CFCs）、四氯化碳（CCl_4）、一氧化碳（CO）等温室气体不断增加,导致大气的组成发生变化。大气质量受到影响,气候有逐渐变暖的趋势。气候变暖将会对全球产生各种不同的影响,较高的温度可使极地冰川融化,海平面每 10 年将升高 6 cm,因而将使一些海岸地区被淹没。全球变暖也可能影响降雨和大气环流的变化,使气候反常,易造成旱涝灾害,这些都可能导致生态系统发生变化和破坏,全球气候变化将对人类生活产生一系列重大影响。

（2）臭氧层的耗损与破坏

在离地球表面 10～15 km 的高度范围内,具有充足的氧原子和氧分子,它们通过碰撞产生臭氧,在这里臭氧聚集形成臭氧层。如果在 0 ℃ 的温度下,把地球大气中所有的臭氧压缩到一个标准大气压,臭氧层的平均厚度仅仅只有 3 mm,但是其却被誉为地球的"保护伞"。它能吸收太阳的紫外线,保护地球上的生命免遭过量紫外线的伤害,并将能量储存在上层大气,起到调节气候的作用。但臭氧层是一个很脆弱的大气层,如果加入一些破坏臭氧的气体,它们就会和臭氧发生化学作用,臭氧层就会遭到破坏。臭氧层被破坏,将使地面受到紫外线辐射的强度增加,给地球上的生命带来很大的危害。研究表明,紫外线辐射能破坏生物蛋白质和基因物质脱氧核糖核酸,造成细胞死亡;使人类皮肤癌发病率增高;伤害眼睛,导致白内障甚至使眼睛失明;抑制植物如大豆、瓜类、蔬菜等的生长,并穿透 10 m 深的水层,杀死浮游生物和微生物,从而危及水中生物的食物链和自由氧的来源,影响生态平衡和水体的自净能力。

(3) 生物多样性减少

生物多样性是生命有机体及其赖以生存的生态综合体的多样性和变异性,它可以从基因多样性、物种多样性和生态系统多样性三个层次来描述。在漫长的生物进化过程中会产生一些新的物种,同时,随着生态环境条件的变化,也会使一些物种消失。所以说,生物多样性是在不断变化的。近百年来,由于人口的急剧增加和人类对资源的不合理开发,加之环境污染等原因,地球上的各种生物及生态系统受到了极大的冲击,生物多样性也受到了很大的损害。地球上曾有生物物种 1 000 万左右。由于人口的不断增加和人类社会活动的影响,现在平均每天灭绝的物种达 75 个,这种趋势还处在加剧之中。

生态系统是在一定空间中共同栖居着的所有生物与其环境之间不断进行物质循环和能量流动过程而形成的统一整体。在自然条件下,生态系统总是朝着种类多样化、结构复杂化和功能完善化的方向发展,直到生态系统达到系统最稳定的平衡状态。人为的破坏使生物多样性不断下降,使生态系统结构不断发生变化,生态系统的平衡也受到破坏或威胁。

(4) 酸雨蔓延

酸雨是指大气降水中酸碱度(pH 值)低于 5.6 的雨、雪或其他形式的降水。这是大气污染的一种表现。酸雨对人类环境的影响是多方面的。酸雨降落到河流、湖泊中,会妨碍水中鱼、虾的成长,以致鱼虾减少或绝迹;酸雨还导致土壤酸化,破坏土壤的营养,使土壤贫瘠化,危害植物的生长,造成作物减产,危害森林的生长。此外,酸雨还腐蚀建筑材料,近十几年来,酸雨地区的一些古迹特别是石刻、石雕或铜塑像的损坏超过以往百年以上甚至千年以上。我国有覆盖四川、贵州、广东、广西、湖南、湖北、江西、浙江、江苏和青岛等省市部分地区,面积达 200 多万平方千米的酸雨区,是世界三大酸雨区之一。

(5) 森林锐减

在今天的地球上,我们的绿色屏障——森林正以惊人的速度消失,每 2 s 就有一个足球场面积大小的森林被毁灭,目前世界上 80% 的森林已经被毁灭,按照现在的退化速度,世界上的雨林将在 100 年内全部消失。森林的减少使其涵养水源的功能受到破坏,造成了物种的减少和水土流失,对二氧化碳的吸收减少,进而又加剧了温室效应。

（6）土地荒漠化

长期以来，人类无休止地毁林、毁草造田，在同一块土地上长期进行单一的农作物生产，过度垦殖和过度放牧，大量使用化肥和农药，垃圾和其他工业污染源对土地造成污染，导致了土地荒漠化问题。现在沙漠化威胁着地球三分之一的陆地表面。近半个世纪以来，非洲撒哈拉沙漠已扩大了 65 万 km^2。据测算，每年有 500 万～700 万 hm^2 的耕地变成沙漠。

（7）大气污染

人类近一个世纪以来排放的二氧化碳增加了 20 倍，全球每年排入大气层的二氧化碳达 55 亿 t。城市人口中每天约有 800 人因空气污染而死亡。由空气污染而引起的酸雨、酸雾和酸雪严重危害着地球上的湖泊、河流、森林、农作物和建筑物。

空气污染物中的主要成分是二氧化碳、二氧化硫、氮氧化物、甲烷、氯氟烃等物质，这些气体统称为"温室气体"。由于温室气体的大量排放，形成全球变暖的"温室效应"。据科学家统计，由于全球气候变暖，过去 100 年里世界海平面上升了 10～15 cm。如果继续下去，预计未来 100 年内世界海平面将上升 1 m。到那时，巨大的热浪将席卷地球每一个角落，海洋中漂浮的冰山会融化得无影无踪。

空气污染物中的氯氟烃类物质还是臭氧层的杀手，虽然蒙特利尔公约对氯氟烃类物质的排放做了严格的限制，但是已经排放的物质数十年甚至上百年都难以消散。臭氧层的破坏导致紫外线无遮无拦地直接照射到地球表面，对地球上的动植物以及人类造成危害。

（8）水体污染

农业用水、工业用水和人们生活用水及污水的大量直接排放，造成了水体的严重污染。特别是随着工业化进程的不断加快，人类排入水中的污染物种类和数量都在急剧增加，由此而引起的公害事件曾经震惊世界。2000 年，罗马尼亚边境城镇奥拉迪亚一座金矿泄漏出氰化物废水，毒水流经之处，所有生物全都在极短时间内暴死，流经的欧洲大河之一蒂萨河及其支流内 80% 的鱼类完全灭绝。除了化学工业废水的排放，核废水对水体的污染也不容小觑。1946—1993 年，美国、英国、法国等国家共向海洋倾倒了远超 20 万 t 的固体核废料，核污水中含有碘-129、锶-90、钌-106、碳-14 等放射性元素，其中碘-129 可以导致甲状腺癌，锶-90 更被世界卫生组织列入一类致癌物清单。

全球每年向海里倾倒的垃圾多达 200 亿 t，其中包括塑料、工业废料、放射性废物以及各类生活垃圾。海水污染极大地破坏了海洋生态系统，世界渔业为此蒙受巨大损失，沿海居民的健康受到严重威胁。

（9）能源危机

随着人口的迅速增加,人类能源消费的增长是惊人的。自远古至现代工业社会,人均耗能增长了大约 110 倍。世界能源需求不仅呈指数增长,而且增长速度越来越快。人类所消耗的能源基本上是不可再生的矿物能源,地球上的矿物能源储存量又是极其有限的。如果不及时调整能源结构,不及时开发新能源和寻找替代能源,用不了多少时间,能源就会枯竭。

（10）危险性化学品转移泄漏

危险性化学品是指除放射性废物以外,具有化学活性或毒性、爆炸性、腐蚀性和其他对人类生存环境存在有害特性的废物。此类物质在运输转移过程中发生泄漏,可能造成或导致人类死亡,或引起严重的难以治愈的疾病或致残的物质。2023 年 2 月 3 日夜晚,美国俄亥俄州东巴勒斯坦小镇一辆列车脱轨,其中 5 节车厢载有剧毒液态聚乙烯,部分居民随即出现了头痛、恶心等症状。扩散的氯乙烯进入水或土壤,将导致持续释放,5～20 年后,当地人中可能会出现大批癌症患者。

1.1.3　环境教育的兴起和发展

造成以上世界性环境问题的根本原因是人口的急剧增长和人类对大自然的盲目开发,对资源的不合理利用与破坏以及与此相关的社会体制、经济政策、法律制度的失当。因此,要减缓全球性环境恶化的趋势,从根本上说就是要加强环境教育,提高所有公民的环境意识,使人们正确对待自然环境,正确处理人与自然的关系,改变人类征服自然和向自然进军的思维方式和行为方式。

1.1.3.1　国际环境教育的发展历程

国际环境教育从 20 世纪 60 年代初开始兴起。

20 世纪 60 年代初,美国生物学家卡尔逊在《寂静的春天》一书中较为全面地阐述了人类不适当的生产活动,特别是农业生产中滥施农药、化肥,破坏了自然生态的平衡和生物圈的和谐。这种自然与环境的改变后果严重,不仅当代人受到危害,而且影响整个人类未来的生存与发展。由她发起的有关环境危机的讨论,成为当代环境教育的开端。

1972 年,受联合国人类环境会议秘书长的委托,由巴巴拉·沃德和雷内·杜博斯主编完成了《只有一个地球——对一个小小行星的关怀和维护》一书。"人类只有一个地球"这个口号立即风靡全球,并与同年召开的斯德哥尔摩第一次人类环境会议一起,标志着人类对生态环境问题的觉醒,世界上许多国家的环境教育也就从此逐渐开展起来。

1975 年,联合国教科文组织和环境规划署正式制订并实施国际环境教育计划(IEEP)。该计划阐述了环境教育的目的和意义、作用和目标、对象和内容、指导原则和实施手段,以及如何把环境教育纳入各国的教育体系中去等,在全球范围全面推动环境教育的发展。

1977 年,在苏联第比利斯召开了政府间环境教育会议,并发表了《第比利斯宣言》。宣言指出,环境教育应当为一切年龄的人、在一切水准上、在正规和非正规教育中提供。

1983 年,世界环境与发展委员会(WECD)成立。联合国要求其负责制定长期的全球环境策略,提出能使国际社会更有效地解决环境问题并共同保护环境的途径和方法。经过 3 年多的深入研究和充分论证,该委员会于 1987 年向联合国大会提交了研究报告《我们共同的未来》,首次正式提出了可持续发展的定义,同时,也正式提出了教育是支持自然保护和可持续发展的有力手段,使环境与发展思想产生了具有划时代意义的飞跃。

1987 年,在苏联首都莫斯科召开国际环境教育和培训会议,并制订了工作计划。该计划从经济、社会、文化、生态、美学等不同角度,全面阐述了人与环境之间的相互关系。

1990 年,联合国教科文组织在法国巴黎举行联合国机构和组织在环境教育和培训中合作、协调的协商会。协商会指出,与会机构和组织应该向各国政府发出高度重视环境教育和培训的呼吁,要求各国政府将环境科学技术的研究成果更快地、更广泛地传播到各国政府决策人群中去,使其转化为保护环境的行动。

1992 年 6 月,联合国环境与发展大会在巴西里约热内卢召开。大会的召开进一步促进了可持续发展的思想在世界各国的传播。而如何实现可持续发展,这是一个包括诸多领域的重大问题。其中教育对于促进可持续发展和公众有效参与决策是至关重要的。《21 世纪议程》第 36 章"提高环境意识"中指出:"目前对人类活动和环境的内在联系的意识仍然相当缺乏,提议开展一个全球教育活动,以加强环境无害的和支持可持续发展的态度、价值观念和行动。"并明确提出了"从小学学龄到成年都接受环境与发展教育"的措施。

1999 年,在悉尼召开国际环境教育会议。与会代表回顾总结了 30 多年来全球环境教育运动的经验,尤其注重探讨环境教育对确保人类可持续未来的重要地位,对当前可持续发展和环境教育中存在的问题进行了分析,提出要加强成人环境教育终身化。这次大会对 21 世纪国际环境教育的开展产生了积极而深远的影响。

2002 年,联合国教科文组织牵头实施《联合国国际可持续发展教育实施计划(2005—2014)》,该计划于 2014 年 12 月在日本名古屋召开的世界可持续发展教育大会上宣布完成。

2012 年,巴西里约热内卢"联合国可持续发展大会"上签署了多项重要的政府间协议,提出环境保护、生物多样性和荒漠化防治,提醒各国关注环境与发展的关系,使环保的概念深入人心。

国际环境教育由于适应了人类社会发展的需要,目前已经遍及世界各国和地区。

1.1.3.2　我国环境教育的产生和发展

中国环境教育的起步,既是国际背景——特别是1972年斯德哥尔摩联合国人类环境会议后系列国际环境教育会议的影响,也是中国政府在工业化过程中正视自己的环境问题,采取多方面保护环境的重大措施之一。

中国是一个发展中国家,人口众多,人均资源少,地区差异大,还处在工业化的过程中,中国的环境面临着经济发展和人口增长的双重压力。

1973年,第一次全国环保会议召开,会上提出了进行环境保护教育的设想,标志着我国环境教育的开端。

1992年11月,第一次全国环境教育工作会议在苏州召开。会议提出了"环境保护,教育为本"的方针,充分肯定了环境教育的地位和作用。在中小学环境教育中,首先要搞好校长、教导主任和教师的培训。同时,各类师范院校要开设环保选修课或专业讲座,有条件的师范院校应开设环境科学基础课,以适应中小学环境教育的需要。开展学校环境教育工作,要以教育部门为主,环境保护部门密切配合,各级环保部门要积极地为教育部门出主意、提建议。在具体工作中,既要在业务上提供帮助,又要在可能的条件下在资金上给予必要的支持。从此,中小学的环境教育进入了一个新的发展阶段。

1996年,原环境保护部宣传教育中心成立,承担环境保护部面向各界进行宣传教育和能力培训的技术支持工作。

2016年4月,原环境保护部等六部委联合发布《全国环境宣传教育工作纲要(2016—2020年)》,确定了环境教育的内容、对象和形式。从此,逐渐形成了全民环境教育的新局面。

随着互联网和新媒体的发展和普及,我国开展了多种形式的环境教育,使我国公众对环境和环境问题的认识有了一定的提高,为我国环保事业的发展打下了坚实的基础。

1.1.3.3　环境教育的目标

随着环境教育的发展和逐步深化,环境教育的目标也是动态发展的。在1977年的第比利斯政府环境教育大会上充分肯定了《贝尔格莱德宪章》的论断并进一步系统地阐述了环境教育的目标。今天的环境教育实质上是可持续发展教育,其目标是一种全方位的目标,应该包括五个层次:知识目标、情感目标、意识目标、态度目标和实践目标。

（1）知识目标

环境教育要帮助社会群体和个人获得对待环境及其有关问题的各种经验和基本理解，使人们获得有关生态学、环境学、环境管理学、环境法学、环境伦理学和可持续发展理论等方面的基础知识，了解环境的复杂结构，并了解能流和生化循环、社会和生态系统的概念，以及人类活动对生态系统的影响，特别是对身边环境的了解和深刻认识。

（2）情感目标

环境教育要使人们建立一种亲近自然、关爱万物、同情生命的高尚情操，对大自然有认同感和归属感，达到天人合一的境界。

（3）意识目标

环境教育要帮助社会群体和个人获得对待整个环境及有关问题的意识和敏感。环境教育要培养的环境意识不同于传统社会中人们对自然环境所形成的零散、朴素的认识，而是一种在对生态系统科学认识和把握基础上的全新的现代意识，要培养人们适应可持续发展需要的各种良好的素质。

（4）态度目标

环境教育要帮助社会群体和个人获得一系列有关环境的价值观念和态度，培养主动参与环境改善和保护所需动机，对保护环境和提高环境质量、促进社会可持续发展具有强烈的责任感和内在的主动性。

（5）参与目标

环境教育要为社会群体和个人提供各个层次积极参与解决环境问题的机会；环境教育的目的最终落实在人的行为模式上，即在一定的认知基础上受价值观和态度的支配，运用所掌握的技能做出利于环境与社会协调的可持续发展的行为。

1.1.3.4　环境教育的任务

环境教育是环境保护从认识到行动的纽带，是可持续发展从理论到实践的桥梁。环境教育在不同时期，对不同对象肩负着不同的任务。第比利斯政府间环境教育会议认为，下述认识对各国和各层次的环境教育具有指导意义：

① 鉴于人类环境的自然基础有生物和自然的特点，在确定发展方向和使人类更好地理解和利用自然资源以满足自己需求方面，人类环境伦理、社会、文化和经济等方面的问题也起着重要作用。

② 环境教育是不同学科和教育经验相结合和重新取向的结果，它可以使人综合认识环境问题，采取更合理的行动，以满足社会的需求。

③ 环境教育的根本目的是使个人和社会理解自然界的复杂性，通过环境的生物、自然、社会、经济和文化方面相互作用建立环境概念。在参与解决环境问

题和管理环境质量时,以负责和有效的方式获得知识、价值、态度和实际技能。

④ 环境教育的另一个目的是阐明现代世界经济、政治和生态的相互依存关系,不同国家所做出的决策和采取的行动会产生国际影响。

⑤ 环境教育应为解释与环境有关的各种现象提供必要的知识,促进环境保护和改善的一致与和谐发展。环境教育还应该为解决环境问题的种种努力提供广泛的实际技能。

⑥ 为了完成上述任务,环境教育应把教育过程与实际生活紧密联系起来,教育活动也应围绕环境问题精心设计,所研究的环境问题应与当地有关。重视用多学科的综合方法对环境问题进行分析,有助于对环境问题的正确理解。

⑦ 环境教育必须与立法、政策、控制措施、政府决策中与环境有关的部分结合起来。环境教育也应成为国际团结以及消除种族偏见、政治和经济不平等的有效工具。

1.2 环境物理教育的产生

环境教育是由环境物理教育、环境化学教育、环境生物教育等多个分支学科共同构成的体系。作为其中的一个分支学科,环境物理教育是随着环境物理性问题的产生而产生,随着环境教育理论和实践的发展而不断丰富和完善的。为使大家对环境物理教育产生的历史必然性有清楚的认识,我们有必要先介绍一下促使它产生的原因——环境物理性污染。

1.2.1 环境物理性污染

声、振动、光、热、电磁、放射性等物理性因素是人们生产和生活所必需的,它们共同构成人们生活的物理环境。但是,当它们在环境中的量过高或过低时,就会形成环境物理性污染,影响和干扰人们的生产和生活,严重时甚至将危害人类的健康和生命。

1.2.1.1 物理环境

在人类生存的环境中,各种物质都在不停地运动着,如机械运动、分子热运动、电磁运动等。在这些运动中,都进行着物质和能量的交换和转化,这种物质能量的交换和转化构成了物理环境。物理环境是环境的一部分,可分为天然物理环境和人工物理环境。

(1) 天然物理环境

火山爆发、地震、台风以及雷电等自然现象会产生振动和噪声,在局部区域内形成自然声环境和振动环境。此外,火山爆发、太阳黑子活动引起的磁爆以及雷电等现象还产生严重的电磁干扰。太阳不仅是环境的天然热源,还是天然光源。地球上的光环境是由直射日光和天空扩散光形成的。由于气象因素和大气污染程度的差异,各地区的光环境的特性也不同。地球上天然热环境决定于接受太阳辐射的状况,也与大气和地球表面之间的热交换有关。这些自然声、振动、电磁、放射性、光、热环境构成了天然物理环境。

（2）人工物理环境

声环境要求需要的声音（如讲话和音乐等）能高度保真,不失本来面目,而不需要的声音（噪声）不致干扰人们的工作、学习和休息。乐器、交谈、交通设备、机器运作等都是人工声环境的制造者。

人们的生活中,振动是不可避免的。物体做机械运动时,匀速运动对人体没有影响,但是非均匀的运动对人体是有影响的。对于振动环境,要求不干扰人们的生活和工作以及不危害人体的健康。

20世纪40年代核军事工业逐渐建立和发展起来,50年代后核能逐渐被利用到动力工业中。随着科学技术的发展,放射性物质被更广泛地应用于各行各业和人们的日常生活,因而构成了放射污染的人工污染源。

人是用眼睛来看东西的,但是没有光就不存在视觉功能,电光源的迅速发展和普及,使人工光环境较天然光环境更容易控制,能够满足人们的各种需要。

适合人类生活的温度范围是很窄的。面对人体不适应的剧烈寒暑变化的天然环境,人类创造了房屋、火炉以及现代空调系统等设施,以防御并缓和外界气候变化的影响,从而获得生存所必需的人工热环境。

在人们生活的空间里到处都有电磁场,电磁场对于通信、广播、电视是必需的,它作用于人体和电子设备,形成电磁环境。

1.2.1.2　环境物理性污染的类别

物理环境的声、光、热、电磁辐射等是人类必需的,在环境中是永远存在的。它们本身对人无害,只有在环境中的含量过高或过低时才造成污染。

（1）噪声污染

从物理学观点来说,振幅和频率杂乱断续或统计上无规则的声振动称为噪声。从环境保护的角度来说,凡是干扰人们休息、学习和工作的声音,即不需要的声音统称为噪声。当噪声超过人们的生活和生产活动所能容许的程度,就形成噪声污染。

（2）振动污染

当物体在其平衡位置附近围绕平均值或基准值做从大到小又从小到大的周期性往复运动时,就可以说物体在做机械振动（简称振动）,当振动引起人体伤害或建筑物、机械设备损坏时,就形成了振动污染。

（3）放射性污染

放射性污染是一种不稳定的原子核（放射性物质）在发生核衰变的过程中,自发地放出由粒子和光子组成的射线或者辐射出原子核里的过剩能量,本身则转变成另一种核素,或者成为原来核素的较低能态。辐射中所放出的粒子和光子,对周围介质会产生电离作用,这种电离作用就是放射性污染的本质。

（4）光污染

眼睛是人体最重要的感觉器官,人靠眼睛获得 75％以上的外界信息。人必须在适宜的光环境下工作、学习和生活。人类活动也能对周围的光环境造成破坏,使原来适宜的光环境变得不适宜,这就是光污染。光污染会损害人的视觉功能和身体健康。

（5）电磁污染

电磁污染是指天然的和人为的各种电磁波干扰,以及对人体有害的电磁辐射。在环境保护研究中,电磁污染主要是指当其强度达到一定程度、对人体机能产生不利影响的电磁辐射。

（6）热污染

人类在生产、生活中除了利用太阳能、风能、水能等天然能源外,还从各种燃料中得到内能。如果不能合理开发,就会破坏地球上的热平衡,使局部或全球环境增温,对人类及生态环境产生直接或间接危害,这种现象称为热污染。

1.2.1.3　环境物理性污染产生的主要根源

（1）认识上的根源

它表现为人们对于物理环境的价值认识上存在缺陷。长期以来,人们认为环境存在的价值就在于它是人类生存所需要的各种物质生活资料取之不尽、用之不竭的供应地和宝库,因而人类对于环境可以通过生产活动并凭自己的能力和水平任意地和无限度、无约束地开发、索取和挥霍。同时,人们还认为环境又是容纳人类生产活动和生活活动排泄物的广阔无垠的接收地,因而人类在生产和生活活动中,曾经长时期、无节制、无约束地向环境中直接地、不加任何处理地排放生产和生活活动的废物。这不能不说是经济观念和经济发展中的误区和盲区,不能不说是发达国家历史上已造成、发展中国家目前正在造成严重的环境物理性问题的一个重要原因。

（2）法律上的根源

环境物理性问题加剧和产生的法律根源是多方面的:一是人们的环境物理法律意识薄弱,分不清哪些是符合环境物理法律、法规的合法行为,哪些是不符合环境物理法律、法规的违法行为,本来已经违反了法律而不知犯法,或者是明知属于违法行为却一意孤行,知法犯法。二是在较长的时期里,环境物理法律、法规不健全,在有些领域和有些情况下无法可依。三是环境物理法律、法规虽较为健全,但执法不力,既不依法规范人们的环境物理行为,也不依法惩处环境物理违法行为。

(3) 科学技术上的根源

环境物理性问题的产生,还与一定时期和一定水平的科学技术成果应用的后果相关,也同相关科学技术领域的发展不足相关。如在科学技术发展和应用的过程中,工厂废热直接排放的结果,直接污染着农作物、土壤、空气和地面水体,从而也直接或间接地危害着人体。核电站技术的推广和应用,因管理不善发生泄漏事件,从而造成了严重的大气污染和地面、水体环境污染,甚至引发了很多起公害事件。再如,有些物理性污染因防治技术不过关而不能得到有效治理。

1.2.2　环境物理性污染与环境物理教育的产生

从环境物理性污染的发生到治理所涉及的方方面面,其实质归根到底是关于"人"的问题。首先,从环境物理性污染的发生和形成来说,不论是认识、经济和法律上的原因,还是科学技术上的原因,归根到底都是与"人"有关的原因。其次,从环境物理性污染所造成的危害来说,不管是放射性、噪声、振动污染,还是热、光、电磁辐射污染,每一类污染所造成的危害,归根到底都是对于"人"和"人的生存"的危害。再次,从防治和解决环境物理性污染的目的来讲,不论是发展科学技术以改造和利用天然物理环境,还是运用科学技术的、经济的、法律的和教育的各种手段防治人工物理环境污染,归根到底都是为了"人"和"人的生存"。最后,从环境物理性污染的防治以及坚持可持续发展的最根本的途径和实现可持续发展的前景来说,归根到底都必须依靠"人",依靠"人"的认识能力和水平的提高,依靠"人"的环境物理意识的增强,依靠"人"的努力来完善环境物理法制建设,依靠"人"运用各种手段去发展经济、转变经济增长方式和有效防治环境物理性污染,依靠"人"去实现科技发展、经济增长、社会进步和环境物理保护的协调统一。

从以上关于环境物理性问题实质的分析中,我们可以得出结论,要有效地治理和减少环境物理性污染,不断提高物理环境的质量,就是要做好有关"人"的方方面面的工作,并通过"人"做好有关的方方面面的工作。环境物理教育的立足点和目的,正是以人为本,并且最终目的是为人服务而开展的一种教育形式,即"一切环境物理性污染因'人'而产生,一切环境物理性污染的解决必须依靠'人',而一切环境物理性污染的解决又是为了'人'"。

具体地说,环境物理教育就是以研究"人与物理环境"的关系为核心内容的一种教育过程,以改善人类生活、保护物理环境和持续发展人类社会经济为目的,以提高人的环境物理意识,帮助人们树立科学的环境物理道德观和价值观,向人们传授解决环境物理性污染的知识和能力,培养环境物理保护和管理人才为基本任务的一种教育过程。

1.2.3　环境物理教育的理论基础

1.2.3.1　哲学基础:"天人合一"的自然观

"天人合一"的思想是中国古代思想家关于人与自然关系的科学概括。如果把"天"理解为自然的、物质的天,那么"天人合一"的思想可以归纳为:"天或自然是客观的,人道必须与天道保持一致;人与自然是互相依赖的,最理想的境界是人与自然的和谐。"人类应该重视协调人与自然的关系,把人类、人类社会看成是大自然的有机组成部分,人与自然是互相依存、互相协调的关系,而不是"主人"与"奴仆"的关系。人类能否长期生存下去或人类自身是否幸福,取决于能否与自然界有机地、和谐地相处。

环境物理教育是以人类与物理环境的关系为核心而展开的一种教育活动过程。"天人合一"的自然观作为处理人与自然关系的总原则,为人类处理人与物理环境的关系指出了明确的方向。物理环境是人类赖以生存发展的客观环境之一,人类社会对物理环境有着高度的依存性。物理环境的进化与人类社会前进一样有其客观规律,人与物理环境的这种关系决定二者之间只能是平等的、相互协调的。当然,这种平等是一种理念上的,其中心应树立保护物理环境就是保护人类自身的平等思想,这是根本。许多人不甘心,认为物理环境就该为人类无怨无偿地服务,只有人类才是地球的主人,只有人类才是唯一的主宰,也只有人才是最伟大的,物理环境只是奴仆。这实质是一种片面、自大的自我情结,是无视客观规律的主观臆想,历史已做出了客观的评价。现在,人与物理环境同在"创伤"之中,调整好二者关系是共愈创伤的前提。

1.2.3.2　经济学基础:"可持续发展"理论

"可持续发展"理论就是强调社会、经济发展与环境、资源相协调的一种发展理论。这一发展理论强调经济、社会、资源和环境是密不可分的整体。经济系统如果离开资源与环境的依托,将走向衰退;社会系统如果离开经济系统的支撑,将走向原始;同样,资源与环境系统如果离开发达的经济和公平的社会,将不能体现自身的价值,一旦遭到破坏,也不能得到恢复和改善。只有做到经济持续增长,生态保持稳定平衡,社会保障人们的平等、自由、受教育、人权和免受暴力,才算是真正的发展。

可持续发展要求人类要增强环境物理效益意识,正确认识经济效益、社会效益和物理环境效益的关系。经济效益、社会效益和物理环境效益相互联系、相互制约，获取其中任何一种效益，都必须兼顾其他效益。我们在追求经济效益时，必须考虑物理环境效益，彻底改变"产品高价，资源低价，环境无价"的传统观点；人对物理环境的开发和利用必须以维持人与物理环境的相互平衡、和谐共存的新型关系为原则；要强调当代人与后代人之间占有物理环境的平等问题，当代人在开发物理环境以满足自己的同时，不应破坏人类世世代代赖以生存和发展的物理环境，而应该考虑和安排后代子孙健康生存和正常发展的物理环境，使当代人和后代子孙之间在发展方面机会均等和资源分享平等。

1.2.3.3　环境物理学基础

20世纪初期，人们开始研究声、光、热等对人类生活和生产活动的影响，并逐渐形成在建筑物内部为人类创造适宜物理环境的学科——建筑物理学。20世纪50年代以来，物理性污染日益严重，不但在建筑物内部，而且在建筑物外部对人们的危害越来越严重，促进了物理学各个分支学科开展对物理环境的研究。环境物理学就是在各个分支学科分散研究并取得一定成果的基础上逐渐汇集起来而形成的一个边缘学科。环境物理学目前主要研究声、光、热、振动、电磁场和射线对人类的影响，以及消除这些影响的技术途径和控制措施。按其研究的对象可分为环境声学、环境振动学、环境光学、环境热学、环境电磁学和环境空气动力学等分支学科。

为改善和保护物理环境、解决环境物理性问题而产生的环境物理教育，在教育过程中必须进行必要的环境物理学知识教育，以体现鲜明的科学性。因为环境物理学知识是环境物理教育的主要内容，没有对物理环境及其问题的全面理解，就谈不上从全局的角度去理解环境物理性问题和维护物理环境质量。随着现代化建设的迅速发展，环境物理性问题和物理环境的保护工作越来越引起人们的关注和重视。就目前来说，全世界都面临着物理环境恶化的形势。要清醒地认识这些问题，保护物理环境，就必须懂得和了解一定的环境物理学知识。更重要的是，要获得辨别、确定、分析和解决环境物理性污染的技能，必须以掌握一定的环境物理学知识为前提。另外，环境物理教育中的价值观与态度的培养，也同样离不开环境物理学知识。在环境物理教育中，脱离环境物理学知识去进行热爱和保护物理环境等的教育将必然陷于空洞的说教。所以加强环境物理科学知识教育，是培养学习者树立正确的环境物理意识、环境物理道德、环境物理行为和环保技能的前提。

1.2.3.4　环境教育学基础

"环境保护，教育为本"，这是正确认识和处理环境与教育关系的准则。环境保护是我国的一项基本国策，环境教育是解决环境问题最基本的措施和手段。

只有通过教育,才能唤起人们保护环境的意识,才能提高全中国的环境保护水平。因此,环境教育是贯彻落实环境保护这一基本国策的基础工程。

环境教育是促进人类与自然和谐发展的教育,是净化和美化明天的教育,它是整个教育事业的一个不可分割的组成部分。保护环境,绿化、净化和美化环境是人类生存和发展的需要,是全社会每个人的责任。但是,这样的环境意识并不是每个人生来就有的。要使全社会每个人都能爱护环境、美化环境,牢固地树立起"人与自然和谐发展"的环境意识,就必须进行环境教育。根据其全民性和全程性的特点,环境教育不仅是专业教育,而且是素质教育和终身教育。

环境意识是文化素质的一种体现。为了唤起全社会对环境问题的关注,增强全民族的环境意识,就必须加强对环境保护的宣传教育,将环境科学知识与环境文化、环境道德、环境法制、可持续发展、环境标志产品、生态农业等新理论、新概念和新观念传输给全体公民,特别是青少年,让他们建立起新的发展观、价值观和道德观,就需要积极开展学校、社会和家庭的环境教育。

环境问题是多方面因素造成的,有化学性因素、物理性因素、生物性因素等。因此,环境教育要根据环境问题产生的不同原因而有针对性地开展各个学科领域的教育,如环境化学教育、环境物理教育和环境生物教育。

环境物理教育借助教育手段使人们认识物理环境,了解环境物理性问题,获得治理环境物理污染和防止新的环境物理性问题产生的知识和技能,并对人与物理环境的关系树立正确的态度,共同努力保护人类物理环境。作为环境教育的一个学科分支,在开展环境物理教育的过程中,必须遵循环境教育的一般规律和原则,着重研究环境物理教育的产生和发展,环境物理教育的概念、特点和原则,环境物理教育的目标和任务,环境物理教育的管理和评价,环境物理教育教师和教育内容,以及环境物理教育的途径等。

1.2.4　环境物理教育的目标

一般而言,环境物理教育的主要目标包括五个方面:对物理环境及其问题的意识,对物理环境状况及环境物理知识的理解,对待物理环境的价值观和态度,解决和预防环境物理性问题的技能和对物理环境保护事业的热心参与。这五个目标具体为:

（1）对物理环境及其问题的意识

要帮助社会群体和个人认识物理环境的存在及其演变是不以人的主观意志为转移的,只有尊重客观规律,注意到在生产、生活中保护和改善物理环境,才能够使物理环境向有利于人类的方向发展和演化,认识到人类的生存是与物理环境休戚相关的,在发展经济的过程中应树立正确的资源观点,只有建立在物质和能量的输入与输出平衡的基础上,才能求得人类与物理环境的协调发展。了解环境物理性污染对人类生存和发展的危害,同时认识到环境物理性污染可以依靠科学技术的进步和科学管理而得到防治,从而能够自觉地为防治污染而出力。树立为子孙后代造福的长远观点和强烈责任感,从"人与物理环境"的全局来考虑问题,同破坏人类生存物理环境的现象作斗争。懂得环境物理性问题与人体健康的紧密关系。

（2）对物理环境状况及环境物理知识的理解

要帮助社会群体和个人获得对待物理环境及其相关问题的各种体验的基本理解,形成对整体物理环境的认知,理解人类在物理环境中的角色和作用。主要包括理解物理环境的含义,环境物理性问题的形成、类别、危害、防治和利用,以及环境物理决策、环境物理道德等,使人们在对整个物理环境及其相关的问题、人类在物理环境中担当的角色及其所应承担的责任等有基本了解的基础上,从物理环境中获得多样化的经验。

（3）对待物理环境的价值观和态度

要帮助社会群体和个人获得有关物理环境的一系列价值观念和情感,并形成积极参与物理环境的改善和保护动机,使受教育者充分认识物理环境对人类及人类社会的重要价值,培养受教育者正确的环境物理道德准则意识,树立保护环境是我国一项重要国策的观念。让学生懂得什么是国策,为何把环境保护作为国策以及怎样贯彻实行这项国策,树立保护物理环境是一种国民公德的观念。让人们树立"保护物理环境高尚,污染物理环境可耻"的观念,把它作为衡量国民公德的一个尺度来认识。树立物理环境是人类生存和发展的物质基础之一的观念,让人们懂得人类生存离不开物理环境,污染和破坏物理环境就是自毁家园的道理。树立物理环境就是资源、就是财富的观念。通过环境物理教育让人们了解环境物理性问题的产生,主要是由资源不合理利用所造成的。物理环境的"容量"是有限的,保护物理环境,实际上就是为社会创造财富。树立学习环境物理政策法规、遵守环境物理政策法规的观念。

（4）解决和预防环境物理性问题的技能

能力是指那些在实践活动中形成和发展起来的、直接影响活动的效率、使活动的任务顺利完成的心理特征。人的能力可分为一般能力和特殊能力两大类。一般能力,即智力,是完成任何任务都必需的一些基本能力,如思维力、观察力、注意力、记忆力和想象力等。特殊能力,是指在人的某种专业活动中表现出来,并保证这种专业活动获得高效率的能力。解决环境物理性问题既需要一般能力,也需要特殊能力,而创造性地解决环境物理性问题应当成为我们追求的最高目标。要使社会群体和个人掌握环境物理科学的基本技能,除包括运用环境物理科学知识所需的实验及监测等技能外，还包括一些用以确认和帮助解决环境物理性问题的重要技能，如能够辨认、界定和调查环境物理性问题，搜集整理资料，进行科学分析，尝试提出解决问题和改善物理环境的初步方案等。

（5）对物理环境保护事业的热心参与

这里所说的参与，主要是指综合运用环境物理科学的基础知识和基本技能，参与有关环境物理教育的实践活动和解决环境物理性问题。参与是人们的环境物理意识、知识、技能和道德观转变为人们保护物理环境的行为、习惯的重要阶段，因此，它是环境物理教育的重要目标。只有政府、社会群体和个人积极参与物理环境保护运动，物理环境才可能得到改善。

以上是构成环境物理教育的五个目标，它们彼此之间是相互依存、缺一不可的。因此，我们在进行环境物理教育的理论研究和具体实施时，必须认真考虑这五个方面，这样才能使环境物理教育工作顺利发展和日臻完善。

第2章　环境物理教育的内涵

2.1　环境物理教育的特点

环境物理性污染的产生是环境物理教育兴起的直接原因,因此,环境物理性问题在一定程度上影响和决定着环境物理教育的特点。如环境物理性问题的地理范畴决定环境物理教育的区域性与全球性;环境物理性问题的普遍性和持久性决定环境物理教育的全民性和终身性;环境物理性问题内容的现实性决定环境物理教育的时代性;等等。

2.1.1　环境物理教育的区域性与全球性

环境物理教育的区域性与全球性是由环境物理性问题的地理范畴,即局地性、国家性、区域性和全球性的特征决定的。

（1）区域性

这里所说的环境物理教育的区域性是环境物理教育的局地性、国家性和区域性的总称,是相对于环境物理教育的全球性而言的。在自然界,几乎所有的环境物理性问题均有地域的限制。有些局限于村庄、城镇、省市、国家或地区,如某一村庄、城镇、省市等地的原生环境物理性问题（如厄尔尼诺现象、天然紫外光辐射等）、次生环境物理性问题（如核泄漏、城市噪声等）,而另一些则涉及全球。根据地域的大小,环境物理性问题一般按局地性、国家性、区域性和全球性四个等级进行划分。其中,前三个等级的环境物理性问题我们都用"区域性"特点来概括,这些区域性的环境物理问题适用区域性的环境物理教育,这样才有针对性,才容易唤起人们的环境物理意识。

（2）全球性

这一特点是由环境物理性问题的全局性决定的。人类活动对全球气候的影响、核扩散以及核战争的危险均属于全球性的环境物理性问题。许多此类问题可能先以局地性或区域性的形式出现,但通过大气、水和土壤等途径已经扩散至更为广阔的地域。如苏联切尔诺贝利核电站爆炸造成的核放射、日本福岛核泄漏事故的核污水排放到海洋后对全球海域造成的核污染,虽然这些环境物理性问题都发生在某个国家或地区,但其灾难性后果却是全球性的。从防治环境物理性问题、解决环境物理性问题和坚持可持续发展的途径应承担的义务来说,它不仅是某个人、某个团体或某个国家应承担的义务,也是全球各国都应承担的义务,要通过个人、团体、国家乃至全球各国的共同努力,共同提高环境物理意识,共同约束环境物理违法行为,共同减少和防止环境物理性污染物的排放,来提高物理环境的质量,保护人类生存和繁衍的家园。

2.1.2　环境物理教育的全民性和终身性

环境物理教育的全民性和终身性是由环境物理性问题的普遍性和持久性特征决定的。

（1）全民性

环境物理教育,从对象的横向上看,是全民教育,具有全民性的特点。因为物理环境质量的优劣和每一个人的生活活动、生产活动息息相关,没有全民的关心、参与和身体力行,困扰我们的环境物理性问题就难以解决。因此,我们认为环境物理教育是涉及整个社会的全球性的过程,它的对象是社会的所有成员,它关系到社会成员的社会的、经济的、文化的以及政治的需要。任何一个公民不分肤色、不分民族、不分地位都是受教育者,因而环境物理教育具有全民性特征。

（2）终身性

从教育对象的纵向上看,环境物理教育是终身教育,具有终身性的特点。环境物理教育的终身性特点是由物理环境的不断变化性、环境物理性问题的长效性和教育的终身性决定的。环境物理性问题的效应,根据其发生时间的长短可分为短期效应和长期效应。在很短的时间内即对物理环境产生不良影响的问题具有短期效应,而某些类型的环境物理性问题是在较长的时间里才发生效应的,如核废料处理的放射性影响、废热污染引起气候的缓慢变化等。有些长期效应的环境物理性问题往往是短期效应的环境物理性问题长期积累的结果。同时,由于人们的环境物理意识的形成是一个漫长的过程,因此环境物理意识的转变与提高也是一个漫长的过程,这就决定了环境物理教育具有终身性的特征。

2.1.3　环境物理教育的时代性

环境物理教育的时代性是由环境物理性问题的时间范畴和内容范畴所决定的。当代社会的环境物理性问题主要是由于第二次世界大战之后,发达国家在

环境物理教育研究

工业化和城市化过程中水体、大气、固体废物和噪声污染日益严重而引起人们的关注,特别是1972年召开的联合国人类环境会议,更唤起全世界人民对环境保护工作的重视,从而出现世界第一次环保浪潮。环境物理教育就是由于人们对环境物理性问题的关注和对物理环境保护工作的重视而逐步兴起的,它是现代社会的产物,具有鲜明的时代特征。环境物理教育的时代特征决定它的内容必然具有鲜明的时代性。它需要采用现代科学技术发展的新理论、新观点和新技术。尽管直至目前有些科学技术成果的应用还在直接或间接地造成不同程度的环境物理性污染,但是要在发展经济的同时有效地预防和防止环境物理性污染,还是要依赖科学技术的新的发展和应用,如开发清洁生产的设备和工艺,研制"绿色"材料和能源及"绿色"食品和药品,对于工业"三废"进行综合开发和利用等。

此外,环境物理教育的形式是多种多样的,环境物理教育的内容也是各异的,针对不同的受教育者,没有固定的程序和规范要求,因此,环境物理教育还具有非程序化特征。

同时,由于环境物理教育是环境教育的一个组成部分,因此,它还具有环境教育的一般特点,如教养性、教育性和发展性等。

2.2　环境物理教育的内容与形式

环境物理教育是保护和改善物理环境,实现可持续发展的基本措施之一。从教育的内容和形式上看,环境物理教育有广义和狭义之分。广义的环境物理教育是面向社会公众的教育,狭义的环境物理教育是各类学校为培养专门环境物理保护人才而进行的专业教育。教育对象的不同,决定了环境物理教育有不同的内容和形式。一般情况下,环境物理教育均是从广义上而言的。

2.2.1　环境物理教育的内容

环境物理教育的内容涉及自然科学和社会科学的许多领域,对不同的对象确定教育内容时,必须以学习者的知识水平和能力为基础。

（1）环境物理意识教育

环境物理意识教育,指在环境物理价值的认识意识、道德意识、法律意识以及参与意识等方面进行的教育。环境物理意识包括生产、生活与物理环境关系的理论、思想、情感、知觉、伦理道德等意识要素和观念形态。例如,人与物理环境的关系,物理环境的价值及其面临的危机,各种法规对保护物理环境的重要意义,人口、资源、物理环境和发展之间相互依存、相互影响的关系,环境物理性污染对人体健康和经济发展的关系等。

（2）环境物理科学知识教育

环境物理科学知识教育是环境物理教育的主要内容。随着现代化建设的迅速发展,环境物理性问题和物理环境的保护工作越来越引起人们的关注和重视。就目前来说,全世界都面临着物理环境恶化的形势。要清醒地认识这些问题,保护物理环境,就必须了解和懂得一定的环境物理科学知识。环境物理科学知识教育是培养学习者树立正确的环境物理意识、环境物理道德、环境物理行为和环保技能的前提,其教育内容主要包括:物理环境的概念、组成、类型、特征;环境物理性污染的类型与防治措施;提高物理环境质量的基础知识和基本技能等。

（3）环境物理法制教育

随着我国社会主义市场经济体制的建立和完善,以及建设社会主义法治国家进程的加快,各种环境物理保护的法律、法规和标准相继问世,应及时地对学习者进行环境物理法制教育,使他们能够对环境物理法规中保护的对象、任务、方针和政策,环境物理保护的基本原则和制度,防治环境物理性污染及其他公害的基本要求和措施,环境物理管理的机构、职责、奖励和惩罚等内容有所了解并掌握,从而增强法制意识,学会自觉运用各种环境物理法律、法规约束自己的行为,做到懂法、用法、护法。

（4）环境物理道德教育

可持续发展要求人们具有较高的文化水平、道德水准和正确的价值取向,明白自己的活动对于物理环境、对于人类社会的生存和发展的长远影响,认识自己对社会和子孙后代的崇高责任,并能自觉地为社会的长远利益而牺牲一些眼前利益和局部利益。人类不但要对自己讲道德,而且要对物理环境讲道德,要将道德调节的范围扩展到人类、社会和整个物理环境,这种道德观的目标是人类、社会和物理环境的协调。开展环境物理道德教育,使学生自觉树立起保护物理环境的道德意识,更新观念,树立"爱护和保护物理环境光荣,损害和污染物理环境可耻"的新道德观,制止损害和污染物理环境的不良行为。

（5）环境物理行为教育

环境物理行为教育就是培养学生在处理人与物理环境关系的问题上,养成良好行为习惯的教育。家庭、学校和社会应创造条件提高学生的环境物理意识,树立正确的环境物理道德观念,让他们尽可能多地参与环境物理保护的实践,使他们的保护物理环境的行为表现出高度的自觉性。例如通过环境物理知识教育,让学生认识到噪声对人体健康的危害,他们就会在教室、医院等公共场所自觉保持安静;认识到人类要依赖物理环境才能够生存和发展的道理,他们就能积极地参与保护物理环境的各种活动,努力改善自己工作、学习和家庭生活中的物理环境质量。

（6）物理环保技能教育

物理环保技能教育包括物理性因素的监测与分析,污染的观察、调查与处理等。通过这些最基本的环境物理保护技能的学习与训练,学习者可以培养观察能力、动手能力、实验能力、分析问题和解决问题的能力,掌握一定的环保技能,为将来进一步学习和研究环境物理科学、参与解决周边环境物理性问题,以更好地服务于未来教育事业打下良好的基础。

2.2.2　环境物理教育的形式

环境物理教育内容的多样性决定了环境物理教育形式的多样性。环境物理教育的形式是指运用各种方式开展环境物理保护的宣传教育,以增强人们的环境物理意识和环境物理专业知识的手段。概括起来可分为四种形式:环境物理专业教育、环境物理基础教育、环境物理公众教育和环境物理成人教育。这四种形式相互补充、相互促进。

（1）环境物理专业教育

专业教育也称学历教育,它是以高等院校为主体的培养专业环境保护人才的主要形式和途径。中国的专业教育始于 20 世纪 70 年代中后期,发展非常迅速,到目前为止已经形成了以 220 多所高等院校和科研院所为主体的专业教育格局。

（2）环境物理基础教育

基础教育是以中小学和普通高校为主体的广泛的非专业环境物理教育,可分为以中小学生和幼儿为对象的基础教育和以非环境专业的大中专院校以及各类职业学校学生为对象的基础教育。这两种教育均以环境物理保护科普知识教育为主,但二者之间又有差别。

环境物理保护是一项长期的艰巨任务,需要几代人的不懈努力和奋斗,环境物理教育必须从儿童抓起。因此,中小学和幼儿的环境物理教育是基础的基础,通过对儿童的环境物理教育去培养和提高家长的环境物理意识,间接地对家长进行环境物理教育,进而影响全社会,以推动社会的环境物理教育。但由于中小学生及幼儿的年龄特点,开展环境物理教育要以趣味性、感观性内容为主,通过课堂教学、征文和征画、智力竞赛以及社会宣传相结合的形式进行丰富多彩的教育,培养青少年、儿童热爱和保护物理环境的良好道德风尚。

非环境物理专业的大中专院校及各类职业学校的环境物理教育具有一定的强制性、理论性和系统性,要以课堂教学为主,根据所学专业的特点,开设多种环境保护选修课或必修课。如目前在许多高校非环境专业开设的"环境科学概论"

和在一些中等专科学校开设的"环境保护"选修课程,其中都或多或少涉及相关的环境物理教育,这些教育对于提高学习者的环境物理意识和技能都已收到非常好的效果,深受学生欢迎。

（3）环境物理公众教育

公众教育是环境物理教育中的主要内容和任务,是环保部门、教育部门和社会各界相互配合,以环境物理宣传为主要形式,以社会公众、企业界和政府决策者为对象的一种环境物理教育。环境物理公众教育主要利用各种重大节日,以广播、电视、报纸杂志等媒体为主要途径,通过公益广告、宣传画廊、标语口号等开展社会公众的环境物理教育。

开展环境物理公众教育的目的是提高公众的环境物理意识,增强广大群众参与物理环境保护的自觉性,加强社会公众对政府和企业环保工作的监督。这是环境物理公众教育的目的,也是国家和政府部门的一项长期任务。要充分发挥环保部门执法监督的职能和新闻媒体的宣传作用,并辅之以社区、街道的管理优势,通过开展行之有效的宣传培养来提高社会公众的环境物理意识。

（4）环境物理成人教育

环境物理成人教育也叫在职岗位培训或继续教育,旨在通过在职人员培训提高环保人员的业务水平和环保队伍的素质,做到持证上岗。从受教育人员的构成上划分,环境物理成人教育包括环保部门在职教育和企业环保人员在职教育两种。从受教育人员的工作性质上划分,包括管理人员在职教育和业务人员在职教育两种。一般说来,环保系统内部的在职培训是环境物理成人教育的主要方面,也是主要任务。

关于以上几种环境物理教育形式的优先顺序,在全球范围内,不同的国家和地区,其优先顺序是不相同的。在经济发达国家,其排列顺序为:环境物理公众教育→环境物理基础教育→环境物理成人教育→环境物理专业教育。在经济较落后的发展中国家,其排列顺序为:环境物理专业教育→环境物理公众教育→环境物理成人教育→环境物理基础教育。这种区别主要是由各个国家存在不同的环境物理问题以及解决环境物理问题的紧迫性所决定的。

处于清洁生产阶段的发达国家,把公众环境物理教育放在首位,对公众进行"从摇篮到坟墓"的终身环境教育,其目的就是培育国民的环境意识、环境道德和绿色文化。可以说,社会公众环境物理意识增强,树立了良好的环境物理道德,不仅自己不会去从事有污染或有害于物理环境的活动,而且还能监督或制止他人去从事有污染或有害于物理环境的工作和行为。

处于污染治理阶段的国家把污染防治的任务摆在首位,急需污染治理的专业人才和技术,所以环境物理专业教育必然处于优先发展的地位。

2.3　环境物理教育的方法

在进行环境物理教育的过程中,必须借助一系列科学的方法与手段,这样才能有效地引导学习者逐步掌握环境物理知识,形成一般的环境物理素质。在教学过程中,根据各级各类学习者的能力及生理、心理特征,教学方法的深度和侧重面应有相应的差异。如同一种教学方法,在初等教育阶段,应侧重于激发小学生的学习热情和求知欲望;从中等教育阶段起,应着重于系统环境物理知识的传授,并注重引导学生尝试参与对物理环境及其问题的调研和决策;随着年级的升高,特别是到了高等教育阶段,应逐步重视培养学生对环境物理科学理论的理性思维。

2.3.1　知识讲授法

与普通教育一样,环境物理教育所采用的一种较为普遍的教学方法是讲授法,即在教师的主导下,向学生讲授环境物理相关的知识和概念,以此来促进学生环境物理认知能力的发展。

知识讲授法是一种传统的教学方法,它能在较短的时间内,有计划、有目的地将大量抽象化、概括化了的内容传递给学生。随着现代教学方法论探讨的不断深入,讲授法遭到了一些抨击,被指责为"无思想交流地从教师念讲备课笔记到学生埋头记录听课笔记的过程"。诚然,讲授法确实存在着一些弊端,但它在教学中仍有可取之处。首先,讲授法是教学方法中最基本的一种方法,无论采取何种教学方法,都是在讲授法的基础上或者围绕讲授的内容进行的。例如,采用实验方法进行环境物理教育,教师就必须向学生讲授一些与该实验课题相关的环境物理知识和概念以及实验的操作技巧。其次,环境物理领域涉及面广,层次复杂,对它的理论学习必须由教师通过课堂讲授来进行科学的分析、概括、推理和逻辑论证等。此外,内容丰富和具有说服力的讲授,能对学生产生强大的感染力。因而它是环境物理道德教育的一条基本途径。

讲授法要求教师精通所要教学的内容,具有环境物理领域的扎实理论功底。只有这样,才能使环境物理知识的传授系统化,才能将解决环境物理性问题的途径、条件等交代得明确、适宜。

讲授法要求教师的语言言简意明、清楚准确、通俗易懂、生动活泼,教师必须具有运用语言的技艺。在初等教育阶段,小学生的知识水平较低,理解问题主要靠形象思维,因而对环境物理知识的讲授,比较强调教学艺术,注重语言的趣味性、基础性和通俗性。中等教育阶段,随着学生思维能力的增强,教师在注重一定的教学艺术的同时,还必须清晰地表达概念、透彻地分析问题、合乎逻辑地概括结论。到了高等教育阶段,大学生已表现出独立思考和辩证逻辑思维(理性思维)的能力,因而运用讲授法时,要求教师的阐述具有权威性、学术性,逻辑论证严密且有说服力。

讲授法最根本的是需要书面教材。教材对于环境物理教育学科来说,较易于使教师通过对书本知识的修正和丰富来阐释概念、分析问题和概括结论。至于教材的编订,必须遵循环境物理教育课程发展的指导原则来进行。

环境物理教育不仅要向学习者传授系统的环境物理知识,更重要的是要使学习者以强烈的环境物理意识和责任感参与到环境物理保护和改善物理环境质量的活动中去。而仅用讲授法显然不足以有效地把环境物理知识、技能转化为学习者的行为。因此,在实施环境物理教育时,应当根据具体的教学内容和目标,选择其他适当的教学方法。

2.3.2　问题解决法

所谓环境物理性问题解决法,是指在教学过程中,通过指导学习者对具体环境物理性问题的一般性考察来使他们巩固或学习有关的知识、概念。就环境物理性问题来说,它包括当地的和全球的问题,它的解决有赖于人们运用一定的知识去理解问题的起因和后果,并掌握解决问题的技能。因此,在环境物理教育活动中引导学习者以具体的环境物理性问题为案例学习有关解决问题的计划、决策和实施,能够有效地促进学习者理解、掌握并运用环境物理领域的知识、技能。环境物理性问题解决法的主要内容包括设计项目、实地调查与考察、实验室操作、个案研究等。

一般采取两种形式:发现学习和问题阐述。这两种形式之间没有绝对界限,用其中一种形式,往往要结合另一种形式。

(1) 发现学习

美国心理学家布鲁纳认为,教学过程应当是学生的发现学习过程,教师不但要使学生掌握学科的基本原理和概念,而且要发展学生像科学家那样的探索性态度。在环境物理教育的教学过程中,运用发现学习的形式来实施问题解决法,能使学习者通过亲身发现环境物理性问题诸要素的内在因果关系,产生解决问题的积极主动的动机及技能,同时还能培养他们处理新问题的能力。但发现学习法并不是让学习者盲目地去探索,而是要以基本原理和概念为基础,在探索中教师还要予以正确的诱导。换言之,发现学习法还应当辅之以适当的阐述。

(2) 问题阐述

环境物理教育研究

这种形式是由教师向学习者直接说明某一环境物理性问题的解决方法,然后引导学习者将这一解决方法的基本原则运用于新提出的问题。如简单地叙述问题及其解决途径,会使学习者失去兴趣,难以形成学习迁移。因此,在进行问题阐述时,一方面要鼓励学习者发现学习,另一方面要对问题进行价值分析,形成学习者对待环境物理性问题的一般价值观,从而激发他们对环境物理性问题的学习动机和探索欲。

2.3.3　实验法

实验法是人为地设置某种特定条件,使学习者在可控条件下对环境物理性问题的生成演化进行独立的、多方面的观察和操作,从而获得最直接的感受。实验法有助于激发学习者调查研究问题的积极性,形成一定的解决问题的技能。实验法最大的特点是让学习者亲自动手动脑,从事实践活动,这对于培养学习者观察环境物理性问题、独立分析解决环境物理性问题的能力大有裨益。

实验法包括两类:一是在学习环境物理知识、概念之前的实验,目的是帮助学习者通过亲手实践获得感性知识和材料,为学习环境物理理论知识奠定基础;二是学习了环境物理知识、概念之后的实验,目的是通过对理论知识的实验验证,加深学习者对理论知识的理解和巩固,并在此基础上形成一定的解决问题的技能。

2.3.4　室外观察法

室外观察法是根据教学需要,组织并指导学习者外出亲自参加有关环境物理性问题的实地考察,或在保护物理环境措施采取后对物理环境质量改善状况进行调查,目的是使学习者获得环境物理知识技能。到室外进行实地物理环境考察,是对人类物理环境及其存在的问题的一种有计划、有目的的感知过程。它可以丰富教学内容,把课堂传授的知识与实际的物理环境状况结合起来,因而是发展环境物理知识记忆、思维、想象的基础,也是培养和提高解决环境物理性问题技能的手段。它不仅可以使学习者更好地理解知识,而且还有助于激发他们探索环境问题的兴趣,启发他们的求知欲望。

室外观察法有两种形式:一是可以在课堂知识传授之前进行,以便为学习者提供一定的感性材料,以利于理论知识的被理解和接受;二是可以在知识传授之后进行,目的在于通过实地考察使学习者学会如何在实际情况中运用知识,引导学习者在实践中用感性材料来验证知识并加深理解。

2.3.5　模拟法

　　模拟法一般是由学习者扮演具体场景中的角色来进行的。教师的作用是指导学习者间接地研究和学习实际物理环境,在指导过程中,教师应当说明一些实际场景的特征及模拟物理环境诸要素之间的相互作用。模拟场景越逼真,模拟法的效果就越好,学习者通过角色扮演所学到的技能的迁移性就越强。

　　模拟法要求学习者具有一定的阅读、思考和分析的能力,以及基本的环境物理知识水平,因而比较适合中等教育以上的各阶段进行。

第 2 篇
环境物理知识教育

第3章　环境力学污染及控制

3.1　噪声污染及控制

20 世纪最后 30 年,随着城市化和交通的发展,噪声引起的问题在世界范围内越来越突出。欧洲 75％的人口居住在城市,有相当数量的居民受到噪声的干扰,尽管有许多限制噪声的措施,但仍有超过 30％的人遭受噪声的污染。20 世纪 90 年代中期以前,航空运输造成的污染相当严重,但现在已经大大降低。在美国,约有三分之一的成年人暴露在过高的噪声水平中,他们的生活受到噪声的严重干扰。噪声公害引起居民的起诉案件占各种公害案件的首位。

近十年来,噪声污染投诉连续占据环境投诉总量的前两位,达到 38％以上,某些城市噪声投诉占比甚至达百分之七八十。据不完全统计,2020 年全国省辖县级市和地级及以上城市生态环境、公安、住房城乡建设等部门合计受理的噪声扰民举报约 201.8 万件;全国生态环境信访投诉举报管理平台共收到公众举报 44.1 万余件,其中噪声扰民问题占全部举报的 41.2％,仅次于大气污染,位列第二。

3.1.1　声音的性质与噪声污染

3.1.1.1　噪声的物理性质

（1）噪声和声音

我们生活的地球是一个充满声音的世界,声音在人们的生活中起着非常重要的作用。有了声音才能进行交谈,表达思想和感情,以及开展各种活动。但是,有的声音,比如工厂中的机器声音,使人们感到厌烦,甚至会引起耳聋,影响身体健康。又如,当人们需要休息和睡眠时,声音会对人们产生干扰。可见在日常生活中,有的声音是人们所需要的,而另一些声音是人们所不需要的,甚至是厌恶的。这种不需要或者令人厌恶的声音,不论是什么样的声音,甚至包括音乐在内,统称为噪声。所以噪声不能完全根据声音的客观物理性质来定义,还应根据人们的主观感觉和心理因素来确定。

噪声有高有低,有时低到人们不容易觉察。噪声没有污染物,也不会积累,它的能量最后消失为空气的热能,传播距离一般不太远,所以噪声一直不大引起人们的重视。但随着工业和交通运输的发展,噪声已经严重地干扰到了人们的生活,甚至影响身体健康,成为污染环境的公害之一。

（2）声音的物理特性和量度

既然噪声是不需要的声音,那么研究噪声的污染问题就得研究声音的客观物理性质和主观感觉之间的关系。在这里我们先讨论声音的物理特性。

① 声音的产生、频率、波长和声速

声音起源于物体的振动。物体在空气中振动,推动了靠近它的一"层"空气,于是这层空气被压缩。由于这层空气的压强高于周围其他未被扰动大气的压强,在这层中的空气分子就趋于向外移动,并将它们的运动传递到相邻的一层,随后这一层又传递到另一相邻层,这样一直继续下去。当振动物体转向到向内运动时,靠近它的空气层已变得稀薄,这一稀薄层跟随着向内方向的压缩层而运动,并有相同的速率。这种压缩层和稀薄层向外传播的连续运动,称为声波动。空气的这种压缩和稀疏就使大气压强增大和减小,这个比原来大气压增加或减小的压强,称为瞬时声压。

声源在 1 s 时间来回振动的次数称为频率 f,单位为赫兹（Hz）。声源振动一周,声波传的距离称为波长 λ,单位是米（m）。1 s 时间传播的距离称为声波速度,简称声速 c,单位为米/秒（m/s）。它们之间的关系为：

$$f\lambda = c$$

声速 c 是随温度变化的量,它与温度的关系为：

$$c = 331.4 + 0.6t$$

式中　t——摄氏温标的度数,℃。

一般在没有特别指明空气温度时,可以认为是 23 ℃时的声速,即以 345 m/s 计。但必须指出,声波速度是大气压强变化量在 1 s 内传递的距离,也即振动能量的传递速度,而空气分子仍在原来平衡位置来回运动。

产生声波的振动体称为声源,有声波存在的空间称为声场。

② 声音的物理量度

a. 声强和声强级（L_I）

声场中某一点按指定方向的声强,是在该点上垂直于该指定方向的单位面积上,在单位时间所通过的声能量,单位是瓦/平方米（W/m²）。

声强级是两声强之比取以 10 为底的对数,并乘以 10。它的数学式为：

$$声强级（L_I） = 10\lg\left(\dfrac{I}{I_0}\right) \qquad (3\text{-}1)$$

式中　I——声强；

I_0——基准声强，取 10^{-12} W/m^2。

声强级无法直接测量，能够直接测量的且最常用的是声压级。

b. 声压和声压级（L_p）

瞬时声压是随时间而变化的，而一般所指的声压均为它的有效值 p，它与声强的关系为声强正比于声压的平方。对于平面声波，其关系可表达为：

$$I = p^2/(\rho c) \qquad (3\text{-}2)$$

式中　ρ——介质的密度，kg/m^3；

c——声音的传播速度，m/s；

ρc——媒质的特性阻抗。

将这一关系代入式（3-1）便得到两个声压之比的关系式，即声压级为：

$$声压级（L_p） = 20\lg\left(\dfrac{p}{p_0}\right) \qquad (3\text{-}3)$$

式中　p_0——相应于 I_0 的基准声压，取 2×10^{-5} N/m^2。

所以声压级和声强级在标准大气压下的数值是一致的。基准声压这一数值正好是人耳对 1 000 Hz 声音刚能听到的最低声压。只有声功率才是与测试条件无关的表达声源特征的量。

c. 声功率和声功率级（L_W）

声源在 1 s 时间内所辐射的声能称为该声源的声功率 W，单位是瓦（W）。点声源发射的声功率与离声源 r 处声强的关系，由于这时是一球面声波，应为：

$$I = \dfrac{W}{4\pi r^2} \qquad (3\text{-}4)$$

由这一关系可以看出，声强随离声源的距离增大而迅速降低。一般在离声源比较远的地方，当辐射的声波频率波长大于声源尺寸的 3 倍时，可以近似地认为是球面声波。

与上面声强级一样，可以得出声功率级为：

$$声功率级（L_W） = 10\lg\left(\dfrac{W}{W_0}\right) \qquad (3\text{-}5)$$

式中　W_0——基准声功率，取 10^{-12} W。

声功率级虽然不像声压级那样包含有多种影响因素，但它和声强级一样，无法直接测量，需要根据特定条件下测得的声压级推算。

d. 不同声音合成的总声压级

由于声压级不是物理量，所以不同声音的总声压级应当是将各声音在某点的强度相加,而后换算成总声强级或总声压级。但是所能测量的是各声音的声压级,所以应将测量的各声压级转换成声强或声压的平方(无规噪声)相加以后,再换算成总的声压级。例如,p_1 和 p_2 是两个声音的声压,它们的声压级各为 L_1 和 L_2,根据对数关系可得:

$$\begin{cases} \left(\dfrac{p_1}{p_2}\right)^2 = 10^{\frac{L_1}{10}} \\ \left(\dfrac{p_1}{p_2}\right)^2 = 10^{\frac{L_2}{10}} \end{cases} \tag{3-6}$$

因此,总的声压级为:

$$L_p = 10\lg\left(\dfrac{p_1^2 + p_2^2}{p_0^2}\right) = 10\lg\left[10^{\frac{L_1}{10}} + 10^{\frac{L_2}{10}}\right] \tag{3-7}$$

如果 $L_1 = L_2$,就是说两个声音的声(压)级相同,则合成的总声压级为:

$$L_p = L_1 + 10\lg 2 = L_1 + 3 \tag{3-8}$$

由此可见,在一点上有两个声级相等的声音时,其合成的总声级比一个声音的声级增加 3 dB。但是这种计算一般比较麻烦,可以用图 3-1 很方便地得出。例如,$L_1 = 96$ dB,$L_2 = 93$ dB,两者的差值 $L_1 - L_2 = 3$(dB)。由图 3-1 查得 $L_总 - L_1 = 1.8$(dB),于是 $L_总 = 96 + 1.8 = 97.8$(dB)。对于两个以上声音的总声级,可以先查出两个声音的总声级,然后与第三个声音的声(压)级合成总声(压)级,依次类推。

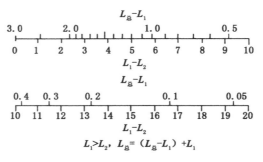

图 3-1 L_1 和 L_2 两个声级的合成图

e. 计权声级和等效声级

为了能用机器直接反映人的主观响度的评价量,有关人员在声级计中设计了一种特殊的滤波装置——计权网络,通过计权网络测得的声压级叫作计权声级,简称声级。计权网络有 A、B、C、D,最常用的 A 计权声级是模拟人耳对 55 dB 以下低强度噪声的频率特性,用 L_{pA} 或 L_A 表示,单位 dB(A)。

等效声级是用噪声能量按时间平均方法来评价噪声对人的影响,是衡量人的噪声暴露量的一个重要物理量。用一个相等时间内声能与之相等的连续稳定的 A 声级来表示该段时间内的噪声的大小,这就是此时变噪声的等效连续声级,简称等效声级。等效连续声级反映在声级不稳定的情况下实际所接受的噪声能量的大小,它是一个用来表达随时间变化的噪声的等效量,用 L_{eq} 或 $L_{Aeq,T}$ 表示:

$$L_{Aeq,T} = 10\lg\left(\frac{1}{T}\int_0^T 10^{0.1L_{pA}}\,dt\right) \tag{3-9}$$

（3）声音的反射、衍射、折射和透射

声波在传播过程中,如遇到障碍物,就会像光一样发生反射和衍射,如遇到不均匀媒质或不同媒质,也会发生折射和透射。声波的波长变化范围很广,从 20 至 20 000 Hz,相差 1 000 倍,因而发生的物理现象也比较复杂。

① 声音的反射

声波在传播途径中,如遇到比波长大得多的反射面,将会发生反射,其反射规律和光波一样。入射线（代表声波传播方向的线）的入射角等于反射角,且入射线、反射线和法线在反射面的同一侧,如图 3-2 所示。如遇到大型凹面和凸面,也产生聚焦和散射现象。

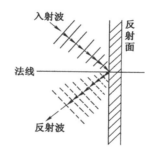

图 3-2　声波的反射

② 声音的衍射

声波在传播途中,如遇到很大而有孔的障碍物和有孔洞的墙面,一部分声波被反射,一部分声波透过孔洞,在另一侧产生衍射。衍射情况与孔洞尺寸对波长之比有关。当孔洞尺寸远小于波长时,则如图 3-3（a）所示,通过孔洞的声波呈以孔洞为点声源所发射的半球面波;当孔洞尺寸远大于声波波长时,则如图 3-3（b）所示,透射声波的波形很少改变。

声波在传播途中,如遇到障碍物,则在障碍物后面出现一声影区。声影区的大小取决于声波波长和障碍物尺寸之比。波长越长,则声影区越小;反之,则越大,如图 3-4 所示。

③ 声音的折射

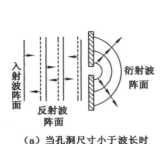
（a）当孔洞尺寸小于波长时

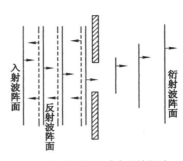
（b）当孔洞尺寸大于波长时

图 3-3　平面声波通过孔洞的衍射

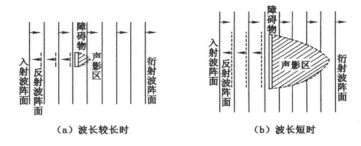
（a）波长较长时　　　　　　　（b）波长短时

图 3-4　声波绕过障碍物的衍射

声波波阵面由于媒质的不均匀性将发生折射。例如,大气气温随离地面高度的增大而逐渐降低,声速也就随离地面高度不同而异,形成如图 3-5（a）所示的传播情况。这时声线不再是直线,而是呈向上弯曲的曲线。声线向上弯曲,大部分声能向上传播,地面声能就很少产生声音的阴影区。

风的梯度也能使声波折射。一般风速随离地面高度而增加,在声源的上风方向,声射线向上弯曲,靠近地面产生一声影区。在下风方向则无声影区,因为声射线向下弯曲,如图 3-5（b）所示。

④ 声音的透射

在两种不同媒质的界面上,有一部分声能被反射回第一媒质,另一部分则透射到第二媒质中,透射能量的多少与两个媒质的特性阻抗大小有关。两者的特性阻抗相差越大,透射声能就越少,反射声能就越多。如果有三层媒质,如图 3-6 所示,透到媒质 2 的声波,在媒质 2 和媒质 3 的分界面上成为入射波。它和前面一

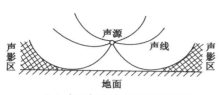

（a）当温度随离地面高度而降低时，
引起声射线弯曲和声影区

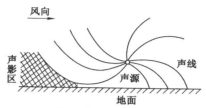

（b）风引起的声线弯曲和声影区

图 3-5　声波在不均匀性媒质中的折射

样，一部分声能被反射，另一部分声能则透射到
媒质 3。透射声能决定于媒质 2 和媒质 3 的特
性阻抗。由媒质 2 和媒质 3 界面反射的声波，在
媒质 1 和媒质 2 界面上又部分地反射回到媒质
2 和媒质 3 界面，成为第二次入射声，这样，部分
声能在两界面之间来回反射和透射。因此，媒
质 1 入射声波透射到媒质 3 的总声能，不仅决定
于三个媒质的特性阻抗，而且还与声波频率和
媒质 2 的厚度有关。

图 3-6　声波在三种不同相邻
媒质中的透射和反射

3.1.1.2　噪声污染的特点

噪声污染的特点是局限性和没有后效。噪声污染是物理污染，它在环境中
只是造成空气物理性质的暂时变化，噪声源停止发声后，污染会立刻消失，不留
任何残余污染物质。但噪声污染的这些特点，往往使人们对噪声污染的危害不
加以重视，给社会和人类造成严重的危害。

中国正处在深化改革开放和加快经济发展的新时期，城市环境噪声污染随
着工业生产、交通运输、城市建设的迅速发展及城市生活的多样化而逐步加剧，
并在一定程度上影响了经济的发展和人们的健康，乃至在某些地方造成纠纷，影
响社会的安定团结。

控制城市环境噪声污染，保障人们有一个安静舒适的生活环境，是城市环境
保护的一项重要内容。同时，随着改革开放的进一步扩大，良好的声环境质量将
成为投资环境必不可少的条件。

3.1.2　噪声源及其种类

3.1.2.1　按噪声源的物理特性分类

噪声主要来源于物体(固体、液体、气体)的振动,按其产生的机理可分为气体动力噪声、机械噪声、电磁噪声三种。

(1)气体动力噪声

叶片高速旋转或高速气流通过叶片,会使叶片两侧的空气发生压力突变,激发声波,如通风机、鼓风机、压缩机、发动机迫使气体通过进、排气口时发出的声音即为气体动力噪声。

(2)机械噪声

物体间的撞击、摩擦,交变的机械力作用下的金属板,旋转的动力不平衡以及运转的机械零件轴承、齿轮等都会产生机械性噪声,如锻锤、织机、机车等产生的噪声均属此类。

(3)电磁性噪声

由于电机等的交变力相互作用而产生的声音,如电流和磁场的相互作用产生的噪声以及发动机、变压器的噪声均属此类。

3.1.2.2　按噪声源的时间特性分类

环境中出现的噪声,按声强随时间是否有变化,大致可分为稳定噪声、非稳定噪声两种。

(1)稳定噪声

稳定噪声的强度不随时间变化,如电机、风机和织机的噪声。

(2)非稳定噪声

噪声的强度是随时间而变化的,有的是周期性噪声;有的是无规则的起伏噪声,如交通噪声;有的是脉冲噪声,如冲床的撞击声。

3.1.2.3　按城市环境噪声分类

城市环境噪声主要来源于交通、工业、建筑施工以及社会活动等方面。

(1)交通运输噪声

各种交通运输工具(如小轿车、载重汽车、电车、火车、拖拉机、摩托车、轮船、飞机等),在行驶过程中会发出喇叭声、汽笛声、刹车声、排气声等各种噪声,而且行驶速度越快噪声越大。载重汽车、公共汽车、拖拉机等重型车辆的行进噪声一般为 89～92 dB,电喇叭噪声一般为 90～100 dB,汽喇叭噪声一般为 105～110 dB(距行驶车辆 5 m 处)。一般大型喷气客机起飞时,距跑道两侧 1 km 内语言通信受干扰,4 km 内难以睡眠和休息。超音速客机在 15 000 m 高空飞行时,其压力波可达 30～50 km 范围的地面,使很多人受到影响。由于交通噪声源具有流动性,因此它的影响范围广、受害人数多。近年来,随着城市机动车辆剧增,交通运输噪声已经成为城市的主要噪声。

（2）工厂生产噪声

工业生产离不开各种机械和动力装置,这些机械和装置在运转过程中一部分能量被消耗后以声能的形式散发出来而形成噪声。工业噪声中有因空气振动而产生的空气动力学噪声,如通风机、鼓风机、空气压缩机、锅炉排气等产生的噪声;也有由于固体振动而产生的机械性噪声,如织布机、球磨机、碎石机、电锯、车床等产生的噪声;还有由于电磁力作用而产生的电磁性噪声,如发动机、变压器产生的噪声。工业噪声一般声级高,而且连续时间长,有的甚至长年运转、昼夜不停,对周围环境影响很大。特别是地处居民区而没有声学防护措施或防护设施不好的工厂辐射出的噪声,对居民的日常生活干扰十分严重。工业噪声是造成职业性耳聋的主要原因。我国工业企业噪声结构调查表明,一般电子工业和轻工业的噪声在 90 dB 以下,纺织厂噪声为 90～106 dB,机械工业噪声为 80～120 dB,凿岩机、大型球磨机噪声为 120 dB,风铲、风镐、大型鼓风机噪声在 120 dB 以上;发电厂高压锅炉、大型鼓风机、空压机放空排气时,排气口附近的噪声可高达 110～150 dB,传到居民区常常会超过 90 dB。表 3-1 给出了某些机械噪声源强度。

表 3-1　某些机械噪声源强度

噪声级/dB	机械名称
130	风铲、风镐
125	凿岩机
120	大型球磨机、有齿锯切割钢材
115	振捣机
110	电锯、无齿锯、落砂机
105	织布机、电刨、破碎机、气锤
100	丝织机
95	织带机、细砂机、轮转印刷机
80	轧钢机
85	机床、凹印机、铅印设备、平台印刷机、制砖机
75	印刷上胶机、过板机、玉器抛光机、小球磨机
70	挤塑机、漆包线机、织袜机、平印连动机
<75	电子刻板机、电线成盘机

（3）社会生活噪声

社会生活噪声主要是指社会人群活动出现的噪声,如人们的喧闹声,沿街的吆喝声以及家用洗衣机、收音机、缝纫机发出的声音都属于社会生活噪声。干扰较为严重的有沿街安装的高音宣传喇叭声及秧歌锣鼓声。社会生活噪声在城市噪声构成中约占 50%，且有逐渐上升的趋势。社会生活噪声虽对人没有直接的危害，但能干扰人们正常的谈话、工作、学习和休息，使人心烦意乱。表 3-2 列出了部分家庭常用设备的噪声级。

表 3-2　家庭常用设备噪声级

家庭常用设备	噪声级/dB
洗衣机、缝纫机	50～80
电视机、除尘器及抽水马桶	60～84
钢琴	62～96
通风机、吹风机	50～75
电冰箱	30～58
风扇	30～68
食物搅拌器	65～80
微波炉	30～55
扫地机器人	50～70

（4）施工噪声

随着我国城市现代化建设的进行，中国的城市建设日新月异，大、中城市的建筑施工场地很多，因此城市建筑施工噪声越来越严重。尽管建筑施工噪声具有暂时性，但是由于城市人口骤增，建筑任务繁重，施工面广且工期长，因此噪声污染相当严重。据有关部门测定统计，建筑工地常用的打桩机、推土机和挖掘机产生的噪声常在 80 dB 以上，对邻近居民的正常生活扰乱很大。一般施工的噪声见表 3-3 和表 3-4。

表 3-3　建筑施工机械噪声级　　　　　　　单位:dB

机械名称	距离声源 10 m		距离声源 30 m	
	范围	平均	范围	平均
打桩机	93～112	105	84～103	91
地螺钻	68～82	75	57～70	63
铆枪	85～98	91	74～98	86
压缩机	82～98	88	78～80	78
破碎机	80～92	85	74～80	76

表 3-4　施工现场边界上的噪声级　　　　　　　　　　单位:dB

施工种类	场地类型		
	居民建筑	办公楼等	道路工程等
场地清理	84	84	84
挖土方	88	89	89
地基	81	78	88
安装	82	85	79
修整	88	89	84

3.1.3　噪声的危害

噪声污染已成为当代世界性的问题。噪声污染与水污染、大气污染一起构成当代三种主要污染。

3.1.3.1　对人体的影响

（1）噪声对人体的危害最直接的是听力损害

对听觉的影响,是以人耳暴露在噪声环境前后的听觉灵敏度来衡量的,这种变化称为听力损失,即指人耳在各频率的听阈升移,简称阈移,以声压级 dB 为单位。例如,当你从较安静的环境进入较强烈的噪声环境中,立即感到刺耳难受,甚至出现头痛和不舒服的感觉,停一段时间,离开这里后,仍感觉耳鸣,马上（一般在 2 min 内)做听力测试,发现听力在某一频率下降约 20 dB 的阈移,即听阈提高了 20 dB。由于噪声作用的时间不长,只要到安静的地方休息一段时间,再进行测试,该频率的听阈提高减少到零,这一噪声对听力只有 20 dB 暂时性阈移的影响。这种现象叫作暂时听阈偏移,亦称听觉疲劳。听觉疲劳时,听觉器官未受到器质性损害。

如果人们长期在强烈的噪声环境下工作,日积月累,内耳器官不断受噪声刺激,就可能发生器质性病变,成为永久性听阈偏移,这就是噪声性耳聋。噪声性耳聋有两个特点:一是除了高强噪声外,一般噪声性耳聋都需要一个持续的累积过程,发病率与持续作业时间有关,这也是人们对噪声污染忽视的原因之一;二是噪声性耳聋是不能治愈的,一般认为 80~85 dB 会造成轻微的噪声性耳聋,90 dB 会造成听力损伤。因此,有人把噪声污染比喻成慢性毒药。

（2）噪声对睡眠的干扰

睡眠是人们生存所必不可少的。人们在安静的环境下睡眠,能使人的大脑得到休息,从而消除疲劳和恢复体力。噪声会影响人的睡眠质量,强烈的噪声甚至使人无法入睡、心烦意乱。实验研究表明,人的睡眠一般分四个阶段:第一阶段是瞌睡阶段,第二阶段是入睡阶段,第三阶段是睡着阶段,第四阶段是熟睡阶段。睡眠质量好坏取决于熟睡阶段的时间长短,时间越长,睡眠越好。研究结果表明,噪声会促使人们由熟睡向瞌睡阶段转化,缩短睡眠时间。有时刚要进入熟睡便被噪声惊醒,使人不能进入熟睡阶段,从而造成人们多梦、睡眠质量不好,不能很好地休息。

（3）噪声对人体的生理影响

许多证据表明,大量心脏病的发展和恶化与噪声有着密切的联系。实验证明,噪声会引起人体紧张,使肾上腺素增加,从而引起心率和血压升高。对一些工业噪声调查的结果显示,与在高噪声条件下劳动的钢铁工人和机械车间工人相比,安静条件下工人的循环系统的发病率要低,患高血压的病人少很多。对中小学生的调查发现,暴露于飞机噪声下的儿童比安静环境下的儿童血压要高。不少人认为,20 世纪生活中的噪声是造成心脏病的一个重要原因。

噪声能引起消化系统方面的疾病,早在 20 世纪 30 年代,就有人注意到长期暴露在噪声环境下的工作者消化功能有明显的改变。在某些吵闹的行业里,溃疡症的发病率比安静环境下的发病率高 5 倍。

在神经系统方面,神经衰弱症是最明显的症状,噪声能引起失眠、疲劳、头晕、头痛、记忆力减退等症状。

噪声不仅影响听力,还影响视力。研究表明,当噪声强度达到 90 dB 时,人的视觉细胞敏感性下降,识别弱光反应时间延长;噪声达到 95 dB 时,有 40% 的人瞳孔放大,视力模糊;而噪声达到 115 dB 时,多数人的眼球对光亮度的适应都有不同程度的减弱。所以长时间处于噪声环境中的人很容易发生眼疲劳、眼痛、眼花和视物流泪等眼损伤现象。同时,噪声还会使色觉、视野发生异常。

（4）噪声对人体的心理影响

噪声引起的心理影响主要是使人激动、易怒甚至失去理智,因噪声干扰而发生的民间纠纷事件是很常见的。噪声也容易使人疲劳,会影响精力的集中和降低工作效率,尤其是对一些做非重复性动作的劳动者,影响更为明显。另外,由于噪声有掩蔽效应,往往使人不易察觉一些危险信号,从而容易造成工伤事故。

（5）噪声对孕妇、胎儿和儿童的影响

国内外的医学科研人员做了许多研究,证明强烈的噪声对孕妇和胎儿都会产生诸多不良后果。接触强烈噪声的妇女,其妊娠呕吐的发生率和妊娠高血压综合征的发生率都更高,而且对胎儿也会产生许多不良的影响:噪声使母体产生紧张反应,引起子宫血管收缩,以致影响供给胎儿发育所必需的养料和氧气。此外,噪声还会导致出生儿体重偏轻。为了妇女及其子女的健康,妇女在怀孕期间应该避免接触超过卫生标准(85～90 dB)的噪声。

由于儿童发育尚未成熟,各组织器官都十分娇嫩和脆弱,所以更容易被噪声损伤听觉器官,使听力减退或丧失。研究已经证明,家庭室内噪声是造成儿童聋哑的主要原因之一,若在 85 dB 以上噪声中生活,耳聋者可达 5％。长期暴露于噪声中的儿童比安静环境下的儿童血压要高,智力发育略微迟缓。在噪声环境下,老师讲课听不清,使儿童对讲授的内容不理解,长期下去会影响到知识的获取。随着新奇玩具的大量出现,噪声大的玩具对婴幼儿的听力危害也越来越大。有些幼儿玩的冲锋枪、大炮、坦克车等玩具,在 10 cm 之内,噪声会达到 80 dB 以上。40 dB 以下的声音对儿童无不良影响,超过 70 dB 的噪声会对儿童的听觉系统造成损害。如果噪声经常达到 80 dB,儿童会产生头痛、头昏、耳鸣、情绪紧张、记忆力减退等症状。婴幼儿的健康成长需要安静舒适的环境,如果长期受到噪声刺激,会变得容易出现激动、缺乏耐受性、睡眠不足、注意力不集中等情况。这些都提醒我们年轻的父母,在给孩子选择玩具时,一定要注意儿童的身心发展和健康,玩具发出的声音要控制在 70 dB 以下。平时要尽量避免婴幼儿长时间待在燃放爆竹、高音喇叭、电钻等高噪声环境中,少玩音量高的玩具,多吃粗粮、花生、大豆及鱼、肉、蛋、乳等富含 B 族维生素及蛋白质的食品。

（6）噪声对交谈、通信、思考的干扰

噪声环境妨碍人们之间的交谈、通信是常见的。因为人们思考也是语言思维活动,其受噪声干扰的影响与交谈是一致的。噪声干扰交谈、通信的情况见表 3-5。

表 3-5　噪声对交谈、通信的干扰

噪声级/dB(A)	主观反应	保持正常谈话的距离/m	通信质量
45	安静	11	很好
55	稍吵	3.5	好
65	吵	1.2	较困难
75	很吵	0.3	困难
85	特别吵	0.1	不可能

3.1.3.2　噪声对动物的影响

噪声对动物的影响十分广泛,这些影响包括听觉器官、内脏器官和中枢神经系统的病理性改变的损伤。根据测定,120～130 dB 的噪声能引起动物听觉器官的病理性变化,130～150 dB 的噪声能引起动物听觉器官的损伤和其他器官的病理性变化,150 dB 以上的噪声能造成动物内脏器官发生损伤甚至死亡。把实验兔放在非常吵的工业噪声环境下 10 个星期,发现其血胆固醇比同样饮食条件下安静环境中的兔子要高得多。在更强的噪声作用下,兔子的体温升高,心跳紊乱,耳朵全聋,眼睛也暂时失明,生殖和内分泌的规律亦发生变化。

3.1.3.3 对物质结构的影响

根据实验,一块 0.6 mm 的铝板,在 168 dB 的无规则噪声作用下,只要 15 min 就会断裂。150 dB 以上的强噪声,可使墙震裂、瓦震落、门窗破坏,甚至使烟囱和老建筑物坍塌,钢结构产生"声疲劳"而损坏。强烈的噪声会使自动化、高精密度的仪表失灵,当火箭发射的低频率噪声引起空气振动时,会使导弹和飞船产生大幅度的偏离,导致发射失败。

3.1.4 噪声控制

发生噪声污染必须有三个要素:噪声源、传播途径和接受者。因此,噪声控制也是从这三个要素组成的声学系统出发,既研究每一个要素,又做系统综合考虑,使控制措施在技术、经济可行的前提下达到降低噪声的要求。原则上讲,噪声控制的优先次序是噪声源控制、传播途径控制和接受者保护。

3.1.4.1 合理规划,加强管理

合理的城市规划,对于城市噪声控制具有十分重要的战略意义。在一个区域(或称小区)内,为防止噪声而合理地配置各类建筑物和道路网,称为建筑防噪声布局,是城市防噪声规划的组成部分。城市防噪声规划和建筑防噪声布局是控制城市环境噪声的重要措施。

(1) 城市人口的控制

研究表明,城市噪声随人口密度的增加而增大,城市人口的过度密集将使环境噪声日益严重。因此,严格控制城市人口、降低市中心区的人口密度是很重要的。许多国家曾采用发展卫星城的办法来降低城市噪声,并收到了一定的效果。

(2) 城市的噪声分区

城市的建设要按照各类建筑物在使用上对环境安静程度的要求进行功能分区划分和布置道路网。合理安排住宅区、混合区、商业区和工业区,尽量使要求安静的住宅区远离繁华的商业区和工业区,避免交通流量大的街道和高速公路穿过住宅区。这是控制城市噪声最根本的措施。日本东京曾将主要工厂集中在机场附近而远离居民区,因为工厂噪声一般都比环境噪声高,而相比之下飞机噪声对它的干扰就小。

在规划中应避免主要干道,如高速公路、高架道路等穿越市中心或住宅区。交通干道与住宅,尤其是高层建筑,应有足够的距离,一般应不小于 30 m,并种植绿林带,使噪声在传播途中衰减。

(3) 立法先行,计划行动

2022 年 6 月 5 日,新修订的《中华人民共和国噪声污染防治法》正式实施,对噪声污染在法律层面进行了规范和整治。通过立法,建立健全噪声污染防治标准、规划、管理、监测等制度;通过立法,完善噪声标准规范,分类加强各类噪声污染防治,有针对性防治社会生活噪声污染;通过立法,完善政府责任,明确地方各级政府对本行政区域噪声环境质量负责,并实行目标责任制和考核评价制度等规定。2023 年 1 月 5 日,生态环境部、中央文明办等 16 部门联合印发了《"十四五"噪声污染防治行动计划》,通过实施噪声污染防治行动,基本掌握重点噪声源污染状况,不断完善噪声污染防治管理体系,有效落实治污责任,稳步提高治理水平,持续改善声环境质量,逐步形成宁静和谐的文明意识和社会氛围。

（4）建筑布局

建筑布局除考虑噪声源位置的布局外,还要考虑充分利用地形或已有建筑物的隔声屏障效应,这是一种效果理想而又经济的办法。住宅区的主要噪声源是中小学校、幼儿园、商店、小工厂和流动商贩。中小学校和幼儿园应同住宅和商店隔离,这样学校不会受校外噪声的干扰;而学校内从运动场、音乐教室、礼堂等处发出的声音,也不会影响居民区的安静。在工业区内,往往也有居住建筑、商店、铁路和公路运输线,但在布局上应使厂前区和强噪声车间、铁路运输线之间保持足够的距离,并在其间营造绿化带,配置库房和对安静要求不高的办公楼等建筑。在城市建筑规划中,既要使商店和住宅之间有较短的服务半径,又要防止商店的噪声干扰住宅,这可以通过建筑物内部房间的合理配置加以解决。沿交通干线布置住宅建筑时,也应采取这种办法。

（5）交通噪声控制和噪声管理

首先是降低车辆本身的噪声。我国机动车辆噪声标准的实施,将有助于车辆噪声的降低。其次针对我国的实际情况,改善交通管理,严格管理制度,解决快、慢车道和人行道的分隔措施(如设置路障),降低汽车喇叭声级,提高喇叭的指向性,减少鸣喇叭次数,禁止夜间鸣喇叭等,是根本性的措施。

另外减少穿越市中心的交通,可建设环形道路;在车流量大的路段,建设立体交叉路、单行道,交通信号联锁装置等保证车辆匀速前进;减少鸣喇叭、刹车、停车、发动和利用低挡的转速等,以降低噪声;为减少地面噪声,把部分交通、停车场等噪声源转入地下;高速公路两旁建立隔声屏障;道路两侧建筑物采用双层窗,阳台做吸声处理等措施,以尽可能减少交通噪声的干扰和影响。

（6）城市绿化

城市绿化可利用树林的散射、吸声作用和地面吸声增加噪声衰减,从而达到降噪的目的。要想得到绿化降噪的良好效果,树要种得密,林带要相当宽,而且要栽植阔叶树。绿化地带的声衰减量,因声波频率、树林密度和深度而异。在 2 000 Hz 以上的声衰减量的典型值是每 10 m 降低 1 dB 左右,在 100 m 以外可降低 10 dB。一般说来,低于地面的干道和绿化带组合的方式是降低交通噪声的有效手段。在这种情况下,住宅前有 7～10 m 宽、2 m 高的树篱,可降低 3～4 dB。绿化带如不是很宽,降噪作用就不会明显,但心理作用是很重要的。在街道旁、办公室外、公共场所和庭院中用树木点缀,能给人以安静的感觉。

3.1.4.2　技术措施

一般来说,噪声控制的技术手段也是按照噪声源控制、传播途径控制和接受者保护的先后次序来考虑。首先是降低声源本身的噪声,这是治本的方法,如果技术上办不到,或者技术上可行而经济上不合算,则考虑从传播的路程中来降低噪声,如果这种考虑达不到要求或不合算,则可考虑接受者的个人防护。根据噪声源的不同特性和噪声的不同分布,常采用以下三种噪声控制方法:

（1）吸声

用吸声材料降低室内噪声是噪声控制工程中一种常用的措施。室内噪声包括声源直接通过空气传来的直达声以及室内各壁面反射回来的混响声,如汽车行驶在隧道中的噪声级比行驶在空旷处可高出 5～10 dB,若在隧道内壁贴上强吸声材料,则噪声可大为减弱甚至消失。实践证明,如吸声材料布置合理,可降低混响声 5～10 dB,甚至更大些。采取这项措施不仅不影响原有的生产习惯,而且还能美化环境。

① 吸声材料

声波入射到多孔吸声材料表面,顺着材料孔隙进入内部,引起孔隙中的空气和材料细小纤维的振动,摩擦和缓滞阻力作用使相当一部分声能转化为热能而被消耗掉,从而达到吸声效果。多孔吸声材料主要有无机纤维材料、泡沫塑料、有机纤维材料和建筑吸声材料及其制品。

a. 无机纤维材料:主要有超细玻璃棉、玻璃丝、矿渣棉、岩棉等。超细玻璃棉的优点是质轻、柔软、容重小、耐热、耐腐蚀等,因此使用较普遍;缺点是吸水率高,弹性差,填充不易均匀。矿渣棉的优点是质轻、防蛀、防火、耐高温、耐腐蚀、吸声性能好;缺点是杂质多、性脆易断,在风速大、要求洁净的场合不宜使用。岩棉的优点是隔热、耐高温、价格低廉;缺点是接触岩棉可发生接触性皮炎,严重者可伴有结膜炎和角膜炎。

b. 泡沫塑料:主要有聚氨酯、聚醚乙烯、聚氯乙烯、酚醛等。它们具有良好的弹性,容易填充均匀等;缺点是不防火、易燃烧、易老化。

c. 有机纤维材料:有棉麻、甘蔗、木丝、稻草等。这些材料价廉、取材方便;缺点是易潮、易变质、易腐烂,从而降低吸声性能。

d. 建筑吸声材料:建筑上采用的吸声材料有加气混凝土、膨胀珍珠岩、微孔吸声砖等。

为保持良好的吸声性能,在选择吸声材料时,要注意以下几点:一是多孔;二是孔与孔之间要互相贯通;三是这些贯通孔要与外界连通。另外,值得注意的是,不能把多孔吸声材料当作隔声材料来使用。

② 吸声减噪措施的应用范围

首先是面积。在大的房间中,采用吸声处理降噪,要注意其吸声面积的大小。经验证明,当房间面积小于 3 000 m^2 时,采用吸声饰面降低噪声效果较好。其次是壁面材料。当原房间内壁面平均吸声系数较小时,采用吸声降噪措施才能收到效果;如原房间壁面及物体具有一定的吸声量,亦即吸声系数较大,再采取吸声措施很难取得理想的效果。再次是距离。在离噪声源较远处,宜采用吸声措施。离噪声源较近时,主要是直达声,采取吸声措施不会有多大效果,只有离噪声源较远,反射声较直达声强烈,采用吸声措施才有明显效果。然后是效果。吸声措施的降噪量一般为 6～10 dB。对于一般室内混响声只能在直达声的基础上增加 4～12 dB。而吸声则是减弱反射声的作用,因此,吸声处理最多只能取得 4～12 dB 的降噪效果。在实际工程中,能使室内减噪量达到 6～10 dB 是比较切实可行的,要想获得更高的减噪效果,困难会大幅度增加,从经济方面考虑很不合算。最后是声源。吸声处理适宜噪声源多且分散的室内。若室内有较多噪声源,且分散布置,若对每一噪声源都采取噪声控制措施(如隔声罩等)困难会较多,可以配合采用吸声措施,将会收到良好的降噪效果。

(2) 隔声

隔声就是把发声的物体或把需要安静的场所封闭在一个小的空间(如隔声罩及隔声间)中,使其与周围环境隔绝起来。隔声是一般工厂控制噪声的最有效措施之一。根据声波传播方式,可分为空气传声隔绝和固体传声隔绝两种。隔声常用的具体手段还有隔声罩、隔声间和隔声屏。

① 隔声罩:对某些强噪声机器设备,为了降低其辐射噪声对周围环境的影响,常将噪声源封闭在特定的小空间中,这种封闭小空间的壳体结构就称为隔声罩。隔声罩按声源机器的操作、维护及通风冷却要求,分为固定密封全隔声罩、活动密封型隔声罩及局部敞开式隔声罩等几类。

② 隔声间:亦称隔声室,是用隔声围护结构建造的一个较安静的小环境。由于人在其内活动,隔声间有通风(通风量一般每人为 20 m^3/h)、采光、通行等方面的要求。在噪声源数量多而且复杂的强噪声环境下,如空压机站、水泵站等,若对每台机械设备都采取噪声控制措施,不仅工作量大、技术要求高,而且投资多。因此,对于工人不必长时间站在机器旁的操作岗位,建造隔声间是一种简

单易行的噪声控制措施。

③ 隔声屏：对于某些场合，如车间里有很多高噪声的大型机械设备，有些设备能泄出易燃气体而要求防爆，有些设备需要散热且换气量较大，以及操作和维修不便等情况下，可采用隔声屏来降低噪声。隔声屏采用隔声结构做成，并在朝向声源一侧进行了高效吸声处理的屏障。将它放在噪声源与接受点之间，是阻挡噪声直接向接受点辐射的一种降噪措施。这种措施简单、经济，除了适用于车间内，一些不直接用全封闭隔声罩的机械设备及减噪量要求不大的情况外，还适用于露天场合，使声源与需要安静的区域隔离。

（3）消声

消声的方法用于治理气流噪声。消声器是一种让气流通过使噪声衰减的装置，串联在气流通过的管道中或进、排气口上，它在允许气流正常通过的前提下，能有效地降低气流引起的噪声。

① 消声器的类型

消声器的类型众多，但按降噪原理和功能一般可分成阻性、抗性和阻抗复合式三大类。为某些特殊环境需要，还有微穿孔板消声器等多种类型的消声器。

a. 阻性消声器：是利用吸声材料消声的，把吸声材料固定在气体流动的管道内壁，或按一定的方式在管道中排列起来，就构成了阻性消声器。声波进入消声器后，引起吸声材料的细孔或间隙内空气分子的振动，使一部分声能由于小孔的摩擦和缓滞而转化为热能，使声波衰减。阻性消声器的结构形式很多，按通道几何形状分为直管式、片式、蜂窝式、板式及迷宫式等。图 3-7 所示为几种常见的阻性消声器。

GZX型管式阻性消声器　　　PZX型片式阻性消声器　　　FWX型蜂窝式阻性消声器

图 3-7　几种常见的阻性消声器

b. 抗性消声器：借助管道截面的突变或旁接共振腔，利用声波的反射或干涉来达到消声的目的。抗性消声器种类很多，常见的有扩张室式和共振腔式两种。抗性消声器具有良好的消除低频噪声的性能，而且能在高温、高速、脉动气流下工作；缺点是消声频带窄，对高频效果较差。图 3-8 所示为微孔板型抗性消声器。

c. 阻抗复合式消声器:是由阻性消声器与抗性消声器复合而成的,是工程实践中经常应用的消声器,有扩张室-阻抗复合消声器、共振腔-阻抗复合消声器、穿孔屏-阻抗复合消声器几种类型。其特点是消声量大,消声频带宽,但由于阻抗复合消声器中使用了吸声材料,因此在高温(特别是有火时)、蒸汽侵蚀和高速气流冲击下使用寿命较短。图 3-9 所示为阻抗复合式消声器。

WKX型带孔板消声器

图 3-8　微孔板型
抗性消声器

d. 微穿孔板消声器:我国 20 世纪 70 年代末研制成功,为一种新型消声器。其是在厚度小于 1 mm 的薄板上开适量的微孔,孔径一般为 0.8～1 mm,穿孔率一般控制在 1％～3％之间。较之共振消声结构,减少了孔径,扩大了气流通道上穿孔的数量与范围,声阻提高,消声频带增宽。若采用薄金属板,则具有耐高温、防湿、防火、防腐等独特的优点,适用性强且还适宜在高速气流流场中使用,如放空排气、内燃机、空压机等排气系统,压力损失极小。图 3-10 所示为一种微孔板消声器。

ZKX型TZ01-6阻抗复合式消声器

图 3-9　阻抗复合式消声器

WKW型微孔板消声器

图 3-10　微孔板消声器

② 消声器应符合的基本要求

a. 消声特性:在正常工作状况下,在较宽频带范围内有较大的消声量,尤其对突出的频带噪声必须保证其消声量。

b. 空气动力性能:对气流的压力损失要小,压力和功率损失要限制在允许范围内,基本上不影响设备的动力性能。

c. 空间位置及构造:位置合理,构造尽量简单,便于装拆。所用结构和材料要坚固耐用,满足各种使用环境条件下声学性能的长期稳定。

3.1.5　噪声因素的利用和环境的改善

噪声已被世人公认为仅次于大气污染和水污染的第三大公害。在大城市中,人们深受噪声之苦。噪声是令人讨厌的东西,不仅是"废物",而且还搅得人寝食不安。既然许多废物都可以利用,噪声能否被利用呢? 世界上的事情总是千变万化,没有任何事情是绝对的。噪声也和其他事物一样,既有有害的一面,又有可以被人类利用、造福于人类的一面。许多科学家在噪声利用方面做了大量研究工作,获得许多新的突破。

3.1.5.1　有源消声

通常采用三种降噪措施,即在声源处降噪、在传播过程中降噪及在人耳处降噪,都是消极被动的。为了积极主动地消除噪声,人们发明了"有源消声"这一技术。它的原理是:所有的声音都由一定的频谱组成,如果可以找到一种声音,其频谱与所要消除的噪声完全一样,只是相位刚好相反,两者叠加后就可以将这种噪声完全抵消掉。为得到那抵消噪声的声音,实际采用的办法是从噪声源本身入手,设法通过电子线路将原噪声的相位倒过来。将两相位相反的噪声叠加,称为"以噪治噪"。

3.1.5.2　将噪声变成优美的音乐

美妙动人的音乐能让人心旷神怡,为此,各国科学家已开展了将噪声变为优美的音乐的研究。日本科学家研究出一种新型"音响设备",将家庭生活中的各种流水声如洗手、淘米、洗澡、洁具、水龙头等产生的噪声变成悦耳的协奏曲。这些嘈杂的水声既可以转变成悠扬的乐曲,也可以转变成潺潺的溪流声、树叶的沙沙声、虫鸟的鸣叫声和海浪潮涌声等大自然音响。美国也研制出一种吸收大城市噪声并将其转变为大自然"乐声"的合成器,它能将街市的嘈杂喧闹噪声变为大自然声响的"协奏曲"。英国科学家还研制出一种像电吹风声响的"白噪声",具有均匀覆盖其他外界噪声的效果,并由此生产出一种"宝宝催眠器"的产品,能使婴幼儿自然酣睡。

3.1.5.3　噪声能量的利用

噪声是声波,所以它也具有能量。例如鼓风机的噪声达到 140 dB 时,其噪声具有 1 000 W 的声功率。广泛存在的噪声为科学家们开发噪声能源提供了广阔的前景。英国剑桥大学的专家们开始进行利用噪声发电的尝试。他们设计了一种鼓膜式声波接收器,这种接收器与一个共鸣器连接在一起,放在噪声污染区,接收器接到声能传到电转换器上时,就能将声能转变为电能。美国研究人员发现,高能量的噪声可以使尘粒相聚成一体,尘粒体积增大,质量增加,加速沉降,可以产生较好的除尘效果。根据这个原理,科学家们研制出一种 2 000 W 功率的除尘器,可发出声强 160 dB、频率 2 000 Hz 的噪声,将它装在一个厚壁容器里,获得了较好的除尘效果。

另外有科学家研究利用噪声作为机器的动力。1997 年 12 月,美国研究者宣布,可以用噪声作为动力驱动大功率的机器。声波的行为就像海浪一样,其中蕴藏着能量。当海浪中的能量很大时,波浪就会变得很高,并具有破坏性。声波也有类似的行为,即形成冲击波。在冲击波中,能量分布在很宽的频率区内,并以放热的形式损失掉。声波的某些能量在较高频率区损失时,这种声波称为谐波或泛音。冲击波是这些波聚集在同一地方时形成的,以致产生压力的突然变化。美国研究者利用一种空腔室吸收这种谐波,防止压力的突然变化。空腔室像一个细长形的梨,用这种形状可以控制波的相位,并取得极大成功。当空腔受到来自谐波的振动时,空腔壁以约 100 nm 的振幅来回振动,这是在一种平稳无冲击波的巨大能量下产生的共振。这意味着噪声通过共振腔后变成了腔壁的机械运动,因此在实践中完全有可能利用噪声作为动力驱动机器。

3.1.5.4　利用噪声透视海底

在科学研究领域更为有意义的是利用噪声透视海底的方法。早在 20 世纪初,人类就发明了声音接收器——声呐。那是在第一次世界大战时,为了防范潜水艇的袭击,使用了这种在水下的声波定位系统。现在声呐的应用已远远超出了军事目的,科学家利用海洋里的"噪声",如破碎的浪花、鱼类的游动、下雨、过往船只的扰动声等进行摄影,用声音作为摄影的"光源"。

1991 年,美国科学家首先在太平洋海域做了实验。他们在海底布置了一个直径为 1.7 m 的抛物面状声波接收器,这个抛物面对声音具有反射、聚焦的作用,在其焦点处设置一水下听音器。他们又把一块贴有声音反射材料的长方形合成板作为摄像的目标,放在声音接收器的声束位置上,此时,接收器收到的噪声增加 1 倍。这一效果与他们事先的设计思想吻合,达到了预期的效果。然后他们又把目标放置在离接收器 7～12 m 的地方,结果是一样的。他们发现,摄像目标对某些频率的声波反射强烈,而对另一些反射较弱,有些甚至被吸收。这些不同频率声波的反射差异,正好对应为声音的"颜色"。据此,他们可以把反射的声波信号"翻译"成光学上的颜色,并用各种色彩表示。

3.1.5.5　利用噪声除草

科学家发现,不同的植物对不同的噪声敏感程度不一样。根据这个道理,人们制造出噪声除草器。这种噪声除草器发出的噪声能使杂草的种子提前萌发,这样就可以在作物生长之前用药物除掉杂草。

3.1.5.6　利用噪声促进农作物生长

噪声应用于农作物同样获得了令人惊讶的成果。科学家们发现,植物在受到声音的刺激后,气孔会张到最大,能吸收更多的二氧化碳,加快光合作用,从而提高增长速度和产量。有人曾经对生长中的番茄进行实验,在经过 30 次 100 dB 的噪声刺激后,番茄的产量提高近 2 倍,而且果实的个头也成倍增大,增产效果明显。通过实验发现,水稻、大豆、黄瓜等农作物在噪声的作用下,都有不同程度的增产。

3.1.5.7　利用噪声诊病

美妙、悦耳的音乐能治病,这已为大家所熟知。最近,科学家制成一种激光听力诊断装置,它由光源、噪声发生器和电脑测试器三部分组成。使用时,它先由微型噪声发生器产生微弱短促的噪声振动耳膜,然后微型电脑就会根据回声把耳膜功能的数据显示出来,供医生诊断。它测试迅速,不会损伤耳膜,没有痛感,特别适合儿童使用。此外,还可以用噪声测温法来探测人体的病灶。

随着环保科技的新发展,各种先进的消除噪声、变噪声为福音的新技术一定会不断涌现出来,人类生活的声环境将日益得到改善。

3.2　振动污染

3.2.1　振动的产生和描述

振动是一种很普遍的运动形式,在自然界、日常生产和生活中极为常见。当物体在其平衡位置围绕平均值或基准值做从大到小又从小到大的周期性往复运动时,就可以说物体在振动。从高层建筑物的随风晃动到昆虫翅翼的微弱抖动都属于振动。某些振动对人体是有害的,甚至可以破坏建筑物和机械设备。

环境振动的物理量可分为两类:一类是描述振动大小的量,有位移、速度、加速度。对于稳定态振动,常用振动量大小的有效值表达;对于冲击性振动,有时用振动量的峰值或平均值来表达。另一类是描述振动变化率的量,有周期、频率、频率谱或功率谱密度等。

（1）位移级

振动位移常用位移级 L_x 表述,即位移 X 和基准位移 X_0 之比的常用对数乘以 20,单位为分贝（dB）,常采用 $X_0 = 10^{-12}$ m,即:

$$L_x = 20\lg\left(\frac{X}{X_0}\right) \tag{3-10}$$

（2）速度级

振动速度常用速度级 L_v 表述,即速度 v 与基准速度 v_0（取 10^{-9} m/s）之比的

常用对数乘以 20,即:

$$L_v = 20\lg\left(\frac{v}{v_0}\right) \tag{3-11}$$

(3)加速度与加速度级

在测定振动对人的影响时,常采用重力加速度 g 作为加速度的单位。一般当振动加速度大于 $0.02g$ 时,就会对人产生影响。

在测量振动和分析振动时,常用加速度级 L_a。

$$L_a = 20\lg\left(\frac{a}{a_0}\right) \tag{3-12}$$

式中,a_0 一般取 $1 \mu\mathrm{m/s^2}$。

(4)周期与频谱

振动分为周期性振动与非周期性振动两类。对于周期性振动,又分为简谐振动与谐振动。

对于谐振动,周期是基频的倒数,只有一个,而频率值却有多个。这些频率分量的振幅作为频率的函数以图形表示,称为频谱。频谱是一种沿频率轴以等间隔分布的离散的谱线。非周期性振动不能简单地分解成傅里叶级数,只能用傅里叶积分描述,它的频谱就变成连续谱。

(5)相关函数和功率谱密度

非周期性振动的振幅和相位是变化的,应用统计概率论的方法处理,常用相关函数描述。相关函数的傅里叶变换等于该振动的功率谱密度。

3.2.2　振动的危害

3.2.2.1　对人体的危害

振动与噪声相结合会严重影响人们的生活,降低工作效率,有时会影响到人的身体健康。

从物理学和生理学上看,人体是一个复杂的系统,它可以近似地看成一个等效的机械系统,包含着若干线性和非线性的"部件",且机械性能很不稳定。骨骼近似为一般固体,但比较脆弱;肌肉比较柔软,并有一定弹性;其他诸如心、肝、胃等身体器官都可以看成弹性系统。研究表明,人体的各部分器官都有其固有频率,当振动频率接近某个器官的固有频率时,就会引起共振,对该器官影响较大。如胸腹系统对 3~8 Hz 的振动有明显的共振响应,对于头、颈、肩部引起共振的频率为 20~30 Hz,眼球为 60~90 Hz。振动主要通过振动振幅和加速度对人体造成危害,其危害程度与振动频率有关:在高频振动时,振幅的影响是主要的;在低频振动时,则加速度在起主要作用。如振动频率为 40~100 Hz,振幅达到

0.05～1.3 mm 后,就会引起末梢血管痉挛;当振动频率较低(如 15～20 Hz)时,随着加速度的增大,会使内脏、血管移位,造成不同程度的皮肉青肿、骨折、器官破裂和脑震荡等。

振动按其对人体的影响,可分为全身振动与局部振动。前者是指振动通过支撑面传递到整个人体,主要在运输工具或振源附近发生。表 3-6 给出了全身振动的主观反应。后者主要是振动通过作用于人体的某些部位,如使用电动工具,振动通过操作的手柄传递到人的手和手臂系统,往往会引起不舒适,降低工作效率、危及身体健康。

表 3-6　全身振动的主观反应

主观感觉	频率/Hz	振幅/mm
腹痛	6～12	0.094～0.163
	40	0.063～0.126
	70	0.032
胸痛	5～7	0.6～1.5
	6～12	0.094～0.163
背痛	40	0.63
	70	0.32
尿急感	10～20	0.024～0.028
粪迫感	9～20	0.024～0.12
头部症状	3～10	0.4～2.18
	40	0.126
	70	0.032
呼吸困难	1～3	1～9.3
	4～9	2.4～19.6

研究表明,人受振动的时间越长,危害越大。长时间地从事与振动有关的工作会患振动职业病,主要表现为手麻、无力、关节痛、白指、白手、注意力不集中、头晕、呕吐甚至丧失活动能力。此外,振动还能造成听力损伤,噪声性损伤以高频 3 000～4 000 Hz 段为主,振动性损伤是以低频 125～250 Hz 为主。

3.2.2.2　对机械设备的危害和对环境的污染

在工业生产中,机械设备运转发生的振动大多是有害的。振动使机械设备本身疲劳和磨损,从而缩短机械设备的使用寿命,甚至使机械设备中的构件发生刚度和强度破坏。对于机械加工机床,如振动过大,可使加工精度降低;飞机机翼的颤振、机轮的摆动和发动机异常振动,都有可能造成飞行事故。各种机器设备、运输工具会引起附近地面的振动,并以波动形式传播到周围的建筑物,造成不同程度的环境污染,从而使振动引起的环境公害日益受到人们的关注。具体说来,振动引起的公害主要表现在以下几个方面:

①　振动引起的对机器设备、仪表和对建筑物的破坏,主要表现为干扰机器设备。振动可以对其工作精度造成影响,并由于对设备、仪表的刚度和强度的损伤而造成其使用寿命的降低。振动能够削弱建筑物的结构强度,在较强振源的长期作用下,建筑物会出现墙壁裂缝、基础下沉甚至当振级超过 140 dB 时会使建筑物倒塌。

②　冲锻设备、加工机械、纺织设备如打桩机、锻锤等都可以引起强烈的支撑面振动,有时地面垂直向振级最高可达 150 dB 左右。另外为居民日常服务的如锅炉引风机、水泵等都可以引起 75~130 dB 之间的地面振动振级。调查表明,当振级超过 70 dB 时,人便可感觉到振动;超过 75 dB 时,便产生烦躁感;85 dB以上时,就会严重干扰人们正常的生活和工作,甚至损害人体健康。

③　机械设备运行时产生的振动传递到建筑物的基础、楼板或其相邻结构,可以引起它们的振动,这种振动可以以弹性波的形式沿着建筑结构进行传递,使相邻的建筑物空气发生振动,并产生辐射声波,引起所谓的结构噪声。由于固体声衰缓慢,可以传递到很远的地方,所以常常造成大面积的结构噪声污染。

④　强烈的地面振动源不但可以产生地面振动,还能产生很大的撞击噪声,有时可达 100 dB,这种空气噪声可以以声波的形式进行传递,从而引起噪声环境污染,进而影响人们的正常生活。

3.2.3　振动的评价及其标准

任何机械在工作时都会产生振动,要完全消除一切振动是不可能的,因此只能规定某一允许的界限范围,在此范围内机械工作所产生的振动不会对机械结构本身以及周围环境产生不良的影响,并能保证人们正常的工作和生活,那么这个允许的界限就是振动标准。显然,研究对象不同,所采用的振动标准也会不同。国际标准化组织(ISO)和一些国家推荐提出了不少标准,概括起来可以分成以下几类。

3.2.3.1　振动对人体影响的评价

振动对人体的影响比较复杂,人的体位,接受振动的器官,振动的方向、频率、振幅和加速度都会对其造成影响。振动的强弱常用振动的加速度来评价,当加速度在 $0.01~10 \text{ m/s}^2$ 范围内时,人体就可以感觉到振动。振动级与现象的关系见表 3-7。

表 3-7　振动级与现象的关系

振动级/dB	现象
100	墙壁出现裂缝
90	容器中的水溢出、暖壶倒地等
80	电灯摇摆、门窗发出响声
70	门窗振动
60	人能感觉到振动

3.2.3.2　环境振动评价及标准

由各种机械设备、交通运输工具所产生的环境振动对人们正常的工作、生活都会产生较大的影响，我国已经制定了《城市区域环境振动标准》(GB 10070—1988)和《城市区域环境振动测量方法》(GB 10071—1988)。表 3-8 所列为我国为控制城市环境振动污染制定的 GB 10070—1988 中的标准值及适用区域，表中列出了城市各类区域铅垂向 Z 振级标准值，其适用于连续发生的稳态振动、冲击振动和无规则振动。每日发生几次的冲击振动，其最大值昼间不允许超过标准值 10 dB，夜间不超过 3 dB。

表 3-8　城市各类区域铅垂向 Z 振级标准　　　　　　　单位:dB

适用地带范围	昼间	夜间
特殊住宅区	65	62
居民、文教区	70	67
混合区、商业中心区	75	72
工业集中区	75	72
交通干线道路两侧	75	72
铁路干线两侧	80	80

表 3-8 中，"特殊住宅区"是指需要特别安静的住宅区；"居民、文教区"是指纯居民和文教、机关区；"混合区"是指一般居民与商业混合区，以及工业、商业、少量交通与居民混合区；"商业中心区"指商业集中的繁华地段；"工业集中区"是指城市中明确规划出来的工业区；"交通干线道路两侧"是指每小时车流量大于 100 辆的道路两侧；"铁路干线两侧"是指每日车流量不少于 20 列的铁道外轨 30 m 外两侧的住宅区。

（1）机械设备振动的评价

目前世界各国大多采用速度有效值作为量标来评价机械设备的振动（振动的

频率范围一般在 10~1 000 Hz 之间),国际标准化组织颁布的国际标准 ISO 2372 规定以振动烈度作为评价机械设备振动的量标,是在指定的测点和方向上,测量机器振动速度的有效值,再通过各个方向上速度平均值的矢量和来表示机械的振动烈度。振动等级的评定按振动烈度的大小划分为四个等级:

① A 级:不会使机械设备的正常运转发生危险,通常标作"良好"。

② B 级:可验收、允许的振级,通常标作"许可"。

③ C 级:振级是允许的,但有问题,不满意,应加以改进,通常标作"可容忍"。

④ D 级:振级太大,机械设备不允许运转,通常标作"不允许"。

(2) 机械设备分类

对机械设备进行振动评价时,可先将机器按照下述标准进行分类:

① 第一类:在其正常工作条件下与整机连成一个整体的发动机及其部件,如 15 kW 以下的电机产品。

② 第二类:刚性固定在专用基础上的 300 kW 以下发动机和机器,设有专用基础的中等尺寸的机器,如输出功率为 15~75 kW 的电机。

③ 第三类:装在振动方向上刚性或重基础上的具有旋转质量的大型电机和机器。

④ 第四类:装在振动方向上相对较软基础上的具有旋转质量的大型电机和机器。

表 3-9 列出了机械设备的具体评价。

3.2.4　振动的控制

在实际工程中,振动现象是不可避免的。例如,机械设备中的转子不可能达到绝对的平衡(包括静平衡或动平衡),往复机械的惯性力无法平衡。又如涡轮机械中气流对叶片的冲击,在机床上加工零件时产生的振动等都是产生振动的来源。振动的产生不但会造成一定的环境污染和机械设备的损伤,而且对人体的健康也有一定的影响,因此,这些不可避免的振动需要采取一定的方法加以控制。对于机械振动的根本治理方法是改变机械的结构,以此来降低甚至消除振动的发生,但实践中很难做到这一点,人们在长期的实践中积累了丰富的控制振动的有效方法。任何一个振动系统都可概括为三部分:振源、振动途径和接受体,并按照振源→振动途径(传递介质)→接受体这一途径进行传播。根据振动的性质及传播的途径,振动的控制方法主要是通过控制振源、切断振动的途径和保护接受体来实现。

表 3-9　机械设备的具体评价

振动烈度的量程/(mm/s²)	判定每种机器类别			
量程	第一类	第二类	第三类	第四类
0.28	A			
0.45	A	A		
0.71	A	A	A	
1.12	B			A
1.8	B	B		A
2.8	C			A
4.5	C		B	A
7.1	D	C	B	B
11.2	D	C	C	B
18	D		C	C
28	D	D	D	C
45	D	D	D	D
71	D	D	D	D

3.2.4.1　控制振源

日常生活中的振源无处不在,各类运行中的机械设备和交通工具都可以产生振动,成为振源。振源自身运动中产生的不平衡力导致了振动不可避免地产生,振动不但会对设备、机器本身造成损害,还会产生噪声以及共振而造成严重的环境污染。在城市区域的环境保护中遇到的振源主要有:工厂振源,如为居民生活设施配套的机械设备和混合在居民区中的中小型工厂内的工业设备;交通振源,如公路交通、穿越城区的铁路和地铁以及城市上空的飞机等;建筑工地,如在城区建筑施工的打桩、压路等机械设备;大地脉动及地震等。以上的环境振动污染源按其形式,可分为固定式单个振源(如一台冲床或一台水泵等)和集合振源(如厂界环境振动、建筑施工厂界环境振动、城市道路交通振动等,均是各种振源的集合作用)两类。

虽然振源不同,就机械设备而言,引起振动的原因主要有以下三个:一是由突然的作用力或反作用力所引起的冲击振动,如打桩机、剪板机、冲锻设备等,这是一种瞬间的作用;二是由于旋转机械静平衡力或动平衡力所产生的不平衡力引起振动,如风机、水泵等;三是往复机械,如内燃机或空压机等,由于本身不平衡而引起振动。从振源控制来讲,改进振动设备的设计和提高制造加工装配精度,可以使其振动减小,是最有效的控制方法。例如,鼓风机、蒸汽机轮、燃气机轮等旋转机械,大多数转速在每分钟千转以上,其微小的质量偏心力或安装间隙的不均匀常带来严重的危害。性能差的风机往往动平衡不佳,不仅振动厉害,还伴有强烈的噪声。为此,应尽可能调好其动、静平衡,提高其制造质量,严格控制安装间隙,减少其离心、偏心惯性力的产生。

3.2.4.2　防止共振

当振动机械激振力的振动频率与设备的固有频率一致时就会产生共振,产生共振的设备将振动得更加厉害,振动对设备本身的损伤也更大。由于共振的放大作用,其放大倍数可有几倍到几十倍,因此带来了十分严重的破坏和危害。当军队过桥的时候,整齐的步伐能产生振动,如果频率接近于桥梁的固有频率,就可能使桥梁共振,以致到断裂的程度,因此部队过桥要用便步。手持的加工机械如锯、刨会产生强烈的振动并带有壳体的共振,产生的抖动使操作者的手会感到难以忍受的麻感。载重的货车在路面行驶时,往往对道路两侧的居民建筑物产生共振影响,会发生地面的晃动和门窗的抖动。例如美国塔克马峡谷中的长853 m、宽 12 m 的悬索吊桥,在 1940 年的 8 级飓风的袭击中发生了难以理解的振动,引起的共振使笨重的钢铁桥发生扭曲最后彻底毁坏。因此,减少和防止共振响应是振动控制的一个重要方面。

对于建筑物来说,主要振源是安装在建筑物内的辅助机械设备,另外建筑物外的如打桩机、地铁和机械工程以及载重卡车都能引起建筑物的共振。建筑物内振动传递主要通过四种振动波,分别是纵向波、切向波、扭转波和弯曲波。纵向波是一种沿着构件振动与传递方向一致的疏密波;切向波是沿构件横截面振动与传递方向垂直的一种疏密波;扭转波是由扭曲、剪切和旋转力所引起的;弯曲波是在构件表面产生的波动,是大多数材料最容易产生的一种波,是建筑构件振动传递的主要振动波。

控制振动的主要方法有:改变机器的转速或改换机型来改变振动的频率;将振动源安装在非刚性的基础上以降低共振响应;用粘贴弹性高阻尼结构材料来增加一些机壳机体或仪器仪表的阻尼,以增加能量散逸,降低其振幅;改变设施的结构和总体尺寸或采取局部加强法来改变结构的固有频率。

3.2.4.3　采用控制技术

在对振动进行有效控制的实际工程中,常用隔振和阻尼减振两种方法。

（1）隔振技术

振动的影响，特别是对于环境来说，主要是通过振动的传递来达到的，因此减少或隔离振动的传递就可以有效地控制振动。隔振就是利用振动元件间阻抗的不匹配，来降低振动传播的措施。隔振技术常应用在振动源附近，把振动能量限制在振源上而不向外界扩散，以免激发其他构件的振动，有时也应用在需要保护的物体附近，把需要低振动的物体同振动环境隔开，避免物体受到振动的影响。采用大型基础来减少振动的影响是最常用、最原始的方法。根据工程振动学原理合理地设计机器的基础，可以减少基础（和机器）的振动和振动向周围的传递。

在设备下安装隔振元件——隔振器，是目前在工程上常见的控制振动的有效措施。其隔振原理就是把物体和隔振器（主要是弹簧）系统的固有频率设计得比激发频率低得多（至少 3 倍），再在隔振器上垫上橡皮、毛毡等垫子。安装这种隔振元件后，能真正起到减少振动与冲击力传递的作用，只要隔振元件选用得当，隔振效果可在 $85\%\sim90\%$ 以上，而且不必采用上面讲的大型基础。对于一般中小型设备，甚至可以不用地脚螺丝和基础，只要普通的地坪能承受设备的负荷即可。

（2）阻尼隔振

许多设备是由金属板制成的，如车、船、飞机的主体，机器的护壁，空气动力机械的管道壁等。当其受到外界的激励时便会产生弯曲振动，辐射出很强烈的噪声，这类噪声被称为结构噪声。同时，这些薄板又可以将机械设备的噪声或气流噪声辐射出来。结构噪声不宜用隔声罩加以限制，因为隔声罩的壁壳受激振后也会产生辐射噪声。有时不但起不到隔声作用，反而因为增加了噪声的辐射面积而使噪声变得更加强烈。结构噪声的控制一般有两种方法：一是在尽量减小噪声辐射面积、去掉不必要的金属板面的基础上利用阻尼材料，即在金属结构上涂一层阻尼材料来抑制结构振动产生噪声。结构噪声的大小与材料的阻尼特性有密切的关系，在同样的外界激励情况下，材料的阻尼结构越大，其结构振动就越弱，噪声也就越低。二是使用非材料阻尼，即利用一些如固体摩擦阻尼器、电磁阻尼器和液体摩擦器等来降低振动。需要注意的是，阻尼减振与隔振在性质上是不同的，减振是在振源上采取措施，直接减弱振动；隔振措施并不一定要求减弱振动源的本身振动幅度，而只是把振动加以隔离，使振动不容易传递到需要控制的部位。

阻尼的作用是将振动的动能转化为热能而消耗掉。材料阻尼的大小取决于其内部分子运动实施这种能量转化的能力。合理地选择材料，可以有效地降低振动系统的振动和噪声，它同材料本身的弹性模量和消耗因子有关。衡量材料阻尼的大小,可以用材料损耗因子 η 来表征,它不仅可以作为对材料内部阻尼的量度,还可以成为涂层与金属薄板复合系统的阻尼特征的量度。η 值与薄板的固有振动、在单位时间内转变为热能而散失的部分振动能量成正比。η 值越大,则单位时间内损耗的振动能量就越多,减振的阻尼效果就越好。

（3）振动控制的材料分类和选择

针对以上两种不同的振动控制方式,出现了其相应的振动控制器材和使用方法,下面就对其加以简单介绍。

① 隔振材料和元件

机械设备和基础之间选择合适的隔振材料和隔振装置,以防止振动的能量以噪声的形式向外传递。隔振材料和隔振装置必须有良好的弹性恢复性能,从降低传递系数方面考虑,希望其静态压缩量大些,而对许多弹性材料与隔振装置来说,往往承受大负荷的静态压缩量较小,而承受小负荷的压缩量大。因此,在实际应用中必须根据工程的设计要求适当选择。一般来讲,隔振材料和隔振装置应该符合下列要求:材料的弹性模量低;承载能力大,强度高,耐久性好,不易疲劳破坏;阻尼性能好;无毒、无放射性,抗酸、碱、油等环境条件;取材方便,价格稳定,易于加工、制作。

隔振元件通常可以分为隔振器和隔振垫两大类。前者有金属弹簧隔振器、橡胶隔振器、空气弹簧等;后者有橡胶隔振垫、软木、乳胶海绵、玻璃纤维、毛毡、矿棉毡等。表 3-10 列出了常见的隔振材料和元件的性能比较。

表 3-10　常见的隔振材料和元件的性能

减振器或减振材料	频率范围	最佳工作频率	阻尼	缺点	备注
金属螺旋弹簧	宽频	低频	很低,仅为临界阻尼的 0.1%	容易传递高频振动	广泛应用
金属板弹簧	低频	低频	很低		特殊情况使用
橡胶	决定于成分和硬度	高频	随硬度增加而增加	载荷容易受影响	
软木	决定于密度	高频	较低,一般为临界阻尼的 6%		
毛毡	决定于密度和厚度	高频（40 Hz 以上）	高		厚度通常采用 1～3 cm
空气弹簧	决定于空气容积		低	结构复杂	

② 弹簧隔振器

金属弹簧隔振器广泛应用于工业振动控制,其优点是:能承受各种环境因素,在很宽的温度范围内和不同的环境条件下都可以保持稳定的弹性,耐腐蚀、耐老化;设计加工简单、易于控制,可以大规模生产,且能保持稳定的性能;允许位移大,在低频可以保持较好的隔振性能。它的缺点是:阻尼系数很小,因此在共振频率附近有较高的传递率;在高频区域,隔振效果差,使用中常需要在弹簧和基础之间加橡皮、毛毡等内阻较大的衬垫。在实际中,常见的有圆柱螺旋弹簧、圆锥螺旋弹簧和板弹簧等。螺旋弹簧在各类风机、空压机、球磨机、粉碎机等各类机械设备中都有使用。板弹簧是由几块钢板叠合而成的,利用钢板间的摩擦可以获得适宜的阻尼比,这种减振器只有一个方向上的隔振作用,一般用于火车、汽车的车体减振和只有垂直冲击的锻锤基础隔振。这里仅介绍最为常用的圆柱形螺旋弹簧隔振器。隔振器常用的材料为锰钢、硅锰钢、铬钒钢等。图 3-11 所示为 DT、WS 系列吊式阻尼弹簧隔振器,其具有阻尼比大、自振频率低、安装方便、对固体传声有明显的降噪效果等优点,对于各种设备及管道的吊装普遍适用。

图 3-11　DT、WS 系列吊式阻尼弹簧隔振器

③ 橡胶隔振器

橡胶隔振器是使用广泛的一种隔振元件。它具有良好的隔振缓冲和隔声性能,加工容易,可以根据刚度、强度及外界环境条件的不同而设计成不同的形状。如利用橡胶剪切模量较小的特点可设计成剪切型隔振器,以获得较低的固有频率。目前国内可生产各种类型的橡胶隔振器,其中剪切型橡胶隔振器固有频率最低,接近 5 Hz,缩型橡胶隔振器一般在 $10\sim30$ Hz 之间。橡胶隔振器的阻尼系数较高,一般为 $0.15\sim0.30$,故对共振有良好的抑制作用。同时,橡胶隔振器能够对高频振动能量具有明显的吸收作用。橡胶隔振器主要由橡胶制成,橡胶的配料和制造工艺不同,橡胶隔振器的性能差别是很大的。橡胶承受的载荷应力值

控制在 $1×10^5$ ～ $7×10^5$ Pa 范围内，较软的橡胶允许承受较低的应力，较硬的橡胶允许承受较高的应力，对于中等硬度的橡胶允许承受 $3×10^5$ ～ $7×10^5$ Pa 的应力。隔振器可以根据需要设计成不同的形状，如碗形、圆柱形等。制造隔振材料的橡胶主要有以下几种：

a. 天然橡胶：具有较好的综合物理机械性能，如强度、延伸性、耐寒、耐磨性均较好，可与金属牢固的黏接，但耐热、耐油性较差。

b. 氯丁橡胶：主要用于防老化、防臭氧较高的地方，具有良好的耐候性，但容易发热。

c. 丁基橡胶：具有阻尼大、隔振性能好、耐酸、耐寒等优点，但与金属结合性较差。

d. 丁腈橡胶：具有较好的耐油性和耐热性，阻尼较大，可与金属牢固连接。

图 3-12 所示为一种 JSD 型低频橡胶隔振器，它由金属和橡胶复合制成，表面全部包覆橡胶，可防止金属锈蚀。适用于转速大于 600 r/min 的风机、水泵、空压机、制冷机等动力机械的基础隔振降噪。

图 3-12　一种 JSD 型低频橡胶隔振器

④ 空气弹簧

空气弹簧隔振器是在可挠的密闭容器中填充压缩空气，利用其体积弹性而起隔振作用，即当空气弹簧受到激振力而产生位移时，容器的形状将发生变化，容积的改变使得容器内的空气压强发生变动，使其中的空气内能发生变化而起到吸收振动能量的作用。

空气弹簧隔振器通常由弹簧、附加气囊和高度控制阀组成，具有刚度可以随荷载而变化、固有频率保持不变的特点。靠气囊气室的改变可对弹簧隔振器的刚度进行选择，因此可以达到很小的固有频率。通过调压阀可改变容器的气压，可以适应多种荷载的需要，抗振性能好，耐疲劳。按照结构形式，空气弹簧隔振器可分为囊式和膜式两种类型。目前，空气弹簧隔振器可以应用于压缩机、气锤、汽车、火车、地铁等机械的隔振。尤其是由空气弹簧组成的隔振系统的固有频率一般低于 1 Hz,且横向稳定性也比较好,所以可以有效地减少振动的危害和降低辐射噪声,大大地改善了车辆乘坐的舒适性。

图 3-13 所示为一种液力空气弹簧隔振器。它利用液压转换原理实现了系统的能量传输,适用于舰船设备(包括海洋平台)的隔振缓冲,运载车辆发动机和箱体的隔振缓冲,弹体发射系统(如导弹、火炮、卫星等)和运输系统的振冲防护,发电设施和大型建筑、桥梁工程的防振。

图 3-13 一种液力空气弹簧隔振器

⑤ 橡胶隔振垫

利用橡胶本身的自然弹性而设计出来的橡胶隔振垫是近几年发展起来的一种隔振材料,常见的有五大类型:

a. 平板橡胶垫:可以承受较重的荷载,一般厚度较大。但由于其横向变形受到很大的限制,橡胶的压缩量非常有限,故固有频率较高、隔振性能较差。

b. 肋形橡胶垫:就是把平板橡胶垫上、下两面做成肋形的橡胶垫。这种橡胶垫固有频率比平板橡胶垫的低,隔振性能有所提高。但抗剪切性能差,在长期的荷载作用下容易疲劳破坏。

c. 凸台橡胶垫:是在平板橡胶垫的一面或两面做成许多纵横交叉排列的圆形凸台而形成的。当其在承受荷载时,基板本身产生局部弯曲并承受剪切应力,使得橡胶的压缩量增加。

d. 三角槽橡胶垫:把平板的上、下两面做成三角槽而制成。这种形状在受荷载时,应力比较集中,容易产生疲劳。

e. 剪切型橡胶垫:把平板橡胶垫的两面做成圆弧形状的槽。这种橡胶垫在受应力作用时,以剪切应变为主,可以增加橡胶的压缩量,固有频率较低。

图 3-14 所示为一种 JD 型橡胶减振垫。它是根据橡胶动力学特性研究制成的新型隔振垫,可用于多种机械设备的积极隔振和消极隔振,能取得良好的隔振

效果。用于机械振动的高频带振动和冲击、冲压机械的隔振时，效果更为显著。

图 3-14　一种 JD 型橡胶减振垫

⑥ 软木

隔振用的软木与天然的软木不同，它是用天然的软木经过高温、高压、蒸汽烘干和压缩成的块状及板状物。软木常用作重型机器基础和用于高频隔振，常见的有大型空调通风机、印刷机等机械的隔振。软木有一定的弹性，但动态弹性模量与静态弹性模量不同，一般软木的静态弹性模量约为 1.3×10^6 Pa，动态弹性模量为静态模量的 2～3 倍。软木可以压缩，当压缩量达到 30％时也不会出现横向伸展。软木受压，应力超过 40～50 kPa 时会发生破坏，设计时取软木受压荷载为 5～20 kPa，阻尼比一般为 0.04～0.05。软木的固有频率一般可控制在 20～30 Hz，常用的厚度为 5～15 cm。作为隔振基础的软木，由于厚度不宜太厚，固有频率较高，所以不宜用于低频隔振。目前国内并无专用的隔振软木产品，通常用保温软木代替。在实际工程中，人们常把软木切成小块，均匀布置在机器基座或混凝土座下面。一般将软木切成 100 mm×100 mm 的小块，然后根据机器的总荷载求出所需要的块数。为保证软木隔振效果，必须采用防腐措施。

⑦ 玻璃纤维

酚醛树脂或聚醋酸乙烯胶合的玻璃纤维板是一种新型的隔振材料，适用于机器或建筑物基础的隔振。它具有隔振效果好、防水、防腐、价格低廉、材料来源广泛等优点，在工程中日益广泛地应用。在应力为 1～2 kPa 时，其最佳厚度为 10～15 cm。采用玻璃纤维板时，最好使用预制混凝土机座，将玻璃纤维板均匀地垫在机座底部，使荷载得以均匀分布，同时需要采用防水措施，以免玻璃纤维板丧失弹性。

⑧ 毛毡、沥青毡

对于负荷很小而隔振要求不高的设备，使用毛毡既经济又方便。工业毛毡是用粗羊毛制成的，若振动受压时毛毡的压缩量等于或小于厚度的 25％，其刚度是线性的；大于 25% 后，则呈现非线性，这时刚度剧增，可达前者的 10 倍。毛毡的固有频率取决于它的厚度，一般情况下 30 Hz 是毛毡的最低固有频率，因此毛毡垫对于 40 Hz 以上的激振频率才能起到隔振作用。毛毡的可压缩量一般不超过厚度的 1/4。当压缩量再大时，弹性失效，隔振效果变差。毛毡的防水、防火性能差，使用时应该注意防潮防腐。沥青毡用沥青黏接羊毛加压制成，它主要用于垫衬锻锤的隔振。

⑨ 阻尼材料

现有的阻尼材料可以分为：弹性阻尼材料，如橡胶类、沥青类和塑料类；复合材料，包括层压材料以及混合材料；阻尼合金，基体包括铁基、铝基等；库仑摩擦阻尼材料，如不锈钢丝网、钢丝绳和玻璃纤维；其他类，如阻尼陶瓷、玻璃等。

目前在工程上应用较多的是弹性阻尼材料。这类阻尼材料具有很大的阻尼损耗因子和良好的减振性能，但适应温度的变化范围窄，只要温度稍有变化，其阻尼特性就会有较大的变化，性能不够稳定，不能作为机器本身的结构件，同时对于一些高温场合也不能应用。因此，人们研制了大阻尼合金，它具有比一般金属材料大得多的阻尼值，并耐高温，可以直接用这种材料做机器的零件，具有良好的导热性，只是价格贵。复合阻尼材料是一种由多种材料组成的阻尼板材，通常做成自黏性的，可由铝质约束层、阻尼层和防粘纸组成。这种材料施工工艺简单，有较好的控制结构振动和降低噪声的效果。

第4章 环境光学与光污染

眼睛是人体重要的感觉器官,人靠眼睛获得 2/3 以上的外界信息。虽然眼睛对光的适应能力较强,瞳孔可随环境的明暗进行调节,如日光和月光的强度相差 10 000 倍,人眼都能适应,但是人长期处于强光和弱光的条件下,视力就会受到损伤。现代的光源与照明给人类带来光文化,但是光源的使用不当或者灯具的配光欠佳都会对环境造成污染,给人类的生活和生产环境产生不良的影响。

4.1 环境光学

在我们生活的世界里光源分为天然光源(太阳光和建筑物的反射光)和人工光源(电光源——白炽灯和气体放电灯)。

4.1.1 光环境与环境光学

由可见光所构成的物理场,称为光环境。通常的光,除了可见光外,还包括紫外线和红外线,即波长小于毫米(mm)量级的非电离辐射场,都属于光环境。人的视觉感知环境,称为视觉环境,是可见光环境作用于人的视觉而产生的物理、生理、心理作用的结果。研究人的光环境,包括视觉环境,是环境光学的研究内容。

环境光学的研究内容包括天然光环境和人工光环境,光环境对人的心理和生理的影响,光污染的危害及防治等。它是在物理学、光度学、色度学、生理光学、心理光学、心理物理学、建筑光学等学科基础上发展起来的。其定量分析以光度学、色度学为基础。在研究光与视觉的关系时,主要借助生理光学及心理物理学的实验和评价方法。

4.1.1.1 天然光环境

天然的光环境是在太阳创造的大自然中,太阳光由两部分组成,一部分是一束平行光,这部分光的方向随着季节及时间做规律的变化,称为直射阳光。另一部分是整个天空的扩散光。下面从太阳光的光波波长角度来分析直射阳光和扩散光,太阳辐射的光波波长范围在 $0.2 \sim 3\ \mu m$ 之间。$0.20 \sim 0.38\ \mu m$ 是紫外线,$0.38 \sim 0.76\ \mu m$ 是可见光,$0.76 \sim 3\ \mu m$ 是红外线,如图 4-1 所示。关于能量,紫外线为 3%,可见光为 44%,红外线最多,占 53%。太阳光的最大辐射强度分布在 $0.5\ \mu m$ 附近的可见光部分。

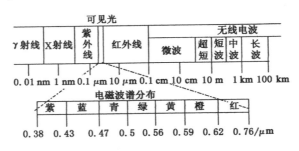

图 4-1　电磁波谱

4.1.1.2　人工光环境

虽然天然光是人们在长期生活中习惯的光源,而且充分利用天然光还可以节约常规能源,但是目前人们对天然光的利用还受到时间及空间的限制,例如天黑以后以及距离采光口较远、天然光很难到达的地方,都需要人工光来补充。

人工光环境较天然光环境易于控制,能适合各种特殊需要,而且稳定可靠,不受地点、季节、时间和天气条件的限制。但是人工光源消耗能源,特别是目前,电光源的能量利用效率很低,平均电光转换效率约为 10%,由初级能源转换成光能的效率只有 3%。因此,为了节约能源,不但要继续提高现有电光源的光效和质量,而且要研究控制灯光强度及分布的理论和光学器件,探索合理的照明方法。

在介绍人工光环境之前,先说明一下光的产生原理。由于物质分子热运动,所有的物质都发射电磁辐射,这种混有不同波长的辐射,称为热辐射。当物体温度达到 300 ℃ 时,这些波中最强的波长是 5.0×10^{-6} m 或 5 000 nm,即在红外区。在 800 ℃ 时,物体发射足够的可见辐射能而成为自发光并呈"炽热"状态(绝大部分仍然属于红外波),加热到 3 000 ℃ 时,即近于白炽灯丝的温度,辐射能包含足够多的 $400 \sim 700$ nm 间的可见光波长。另一类为利用某些元素的原子被电子激活而产生的光辐射,为冷光源。1879 年爱迪生发明白炽灯,为创造现代人工光环境开辟了广阔的道路。一个多世纪以来,电光源迅速普及和发展。现在不同规格的电光源已有数千种,这些成果对人类社会的物质生产、生活方式和精神文明的进步都产生了深远的影响。下面我们将主要的几种人工光源加以介绍。

① 炽灯:灯丝为细钨丝线圈,为减少灯丝的蒸发,灯泡中充入诸如氩那样的气体。白炽灯的大小不等,小的可以像一粒麦粒,大的输入功率可以达到5 000 W。

② 弧灯:弧灯是通常实验所选用的光源。两根钨丝电极密封在玻璃管或者石英管的两端,阴极周围为一池水银(汞)。两个电极接上一电位差,再将管子倾斜,直至水银与两电极接触,一些水银开始蒸发。当管子恢复到原来直立位置时,电子和水银正离子保持放电。当水银在低压时,水银原子发射一种只有黄、绿、蓝和紫色的特征光。用滤光器吸收黄光,并用黄玻璃滤光器吸收蓝光和紫光,所剩下的是很窄的波带所组成的强烈绿光,它的平均波长为 546 nm。由于汞弧灯的绿光由极窄的波带组成,所以所发出的光近似于单色光。

③ 碳弧灯:碳弧灯是最亮的光源,它通常是由两根长 10~20 cm、直径约1 cm 的碳棒组成。为了增进导电性能,可以在碳棒上覆一层铜。启动时,将碳棒接到110 V 或者 220 V 的直流电源上,使两根碳棒短暂接触,然后拉开。这时正极碳棒上强烈的电子轰击使其端部形成极为炽热的陷口,其光源温度可达4 000 ℃左右。当碳棒逐渐烧蚀时,利用电机或者钟表结构,保持碳棒间的确切间距。碳弧灯的工作电流一般为 50 A 到几百安培。

④ 钠弧灯:钠弧灯是一个平均波长为 589.3 nm 的很强的黄光光源。其灯管用特种玻璃制成,不会受钠的侵蚀,电极密封在管内。每一电极是一发射电子的灯丝,以通过惰性气体来维持放电。当管内温度升高到某一数值时,钠蒸气压升高到足以使相当多的钠原子发射出钠的特征黄光。钠灯经济耐用,可以作为路灯使用。钠灯所发出的几乎是单一的特征黄光,对眼睛没有色差,视敏度也较高。

⑤ 激光器:激光器是一种可供广泛使用的光源,它具有极强的窄光束,并可用透镜全部截收并聚焦到物体上,有很高强度的功率,甚至可以用来切割钢材、进行焊接,并引起在物理学、化学、生物学和工程科学中至关重要的许多其他效应。

⑥ 荧光灯:荧光灯是由一根充有氩气和微量汞的玻璃管构成的,灯的两极用钨丝制成。在汞、氩混合气中放电时,汞原子和氩原子发射的可见光并不多,而是具有大量的紫外光,这些紫外光被涂在玻璃管内部的一层称为磷光剂的物质所吸收而发射强荧光。

⑦ LED 灯:LED 灯是以半导体为基础发展起来的一种能够将电能转化为可见光的固态半导体器件,它可以直接把电转化为光。LED 的"心脏"是一个半导体晶片,其由两部分组成,一部分是 P 型半导体,在它里面空穴占主导地位,

另一端是 N 型半导体,在这边主要是电子。这两种半导体连接起来的时候,它们之间就形成一个 PN 结,PN 结具有一个明显的特征就是带隙,相当于吸收体系通过吸收一定能量的光子,使其电子由基态激发跃迁到激发态,所需要吸收的能量即为带隙。当电流通过导线作用于这个晶片的时候,电子就会被推向 P 区,在 P 区里电子跟空穴复合,然后就会以光子的形式发出能量,这就是 LED 灯发光的原理。光的波长也就是光的颜色,是由形成 PN 结的材料决定的。LED 可以直接发出红、黄、蓝、绿、青、橙、紫、白色的光。LED 灯具有环保(无汞)、体积小(多颗、多种组合)、低能耗(低工作电压、低启动电流)、反应快、使用寿命长等优点而被称之为 21 世纪新一代绿色照明光源。

4.1.2　色彩环境

　　色彩通过人的视觉器官和神经系统调节体液,对血液循环系统、消化系统和内分泌系统等都有不同程度的影响,可以说对人的心理、生理都产生作用,表现为多方面的联想与感受,从而引起一定的生理变化。彩色所引起的心理感受有冷暖感、动静感、胀缩感、轻重感、软硬感、进退感、华丽质朴感、喜愁感等。由于社会文化因素的影响,色彩还带来各种象征性的联想。红色有温暖感,生理上可升高血压、加快脉搏,心理上产生兴奋;青色有阴凉感,生理上可降低血压、减缓脉搏,心理上产生镇静。蓝绿色和红橙色是冷色系和暖色系的两个极端色调。

　　颜色与音乐的联想称为"色听"。各人的色听不一样,大致随音调变高有黑→深红→红→绿→蓝→灰→黄的次序,一般用暗色表示低音。

　　色彩与其他感官的联想称为"共感"。调查表明,多数日本人认为黄、白、桃色味甜,绿色味酸,茶、灰、黑色味苦,青、蓝、白色味咸,CO_2 味为黄色,H_2S 味为绿色,檀香味为茶色,煤焦油味为暗紫色;欧美人则认为橘红色味甜,黑色味苦,青色味咸,薄荷味为黄色,碘味为黄绿色等。色彩与形状、运动状态、角度也有联想,当然,这类联想因人而异,但说明光色确实会通过种种联想影响人的心理和生理过程。

　　色彩利用的习惯与好恶,与民族、宗教信仰、年龄、性别等多种因素有关。例如,中国人习惯婚礼用红色,丧礼用白色。欧洲人规定从星期日至星期六各周日的颜色分别为:黄(日)、白(月)、红(火)、绿(水)、紫(木)、青(金)、黑(土)。

　　美国和日本心理学家调查表明:低年龄层喜欢纯色、讨厌混色,高年龄层则相反,中间年龄层则居间;男性喜欢冷色系、讨厌暖色系,女性喜欢冷色系和暖色系中的极端色调、讨厌居间色调;西方人喜欢明度高,东方人习惯明度低,大家都喜欢彩度高。

　　由于色彩感觉是一般美感中最大众化的形式,因而颜色的好恶往往构成流行色,与流行色不符则会产生陈旧、怪异、不协调之感。

色彩的上述心理与生理作用以及习惯好恶,会影响人的情绪和工作效率。因而利用色彩构成良好的色彩环境,不但能美化环境,使人舒适,而且标志明确、容易识别和管理,可减少差错和紧张,使人精神愉快、工作兴趣增加、工作效率提高。

对于不同场所的色彩环境应有不同的评价原则,应该考虑到不同颜色所引起的心理生理作用。例如,暖色使人兴奋,冷色使人镇静,红色会引起不安,黄色的生理反应近于中性。对于一般工作环境应该是黄色,特别是女性为主的场所;绿色、黄绿色是中性的,有平静的作用,应用范围较广;橙系颜色可促进食欲,适于食堂餐厅。彩度高有利于视觉,明度大有利于环境敞亮,非工作面(天花板、墙等)的明度应与工作面接近,以减少人眼因要休息而将视线移往非工作面时的明暗调节。

4.2　光污染的产生和危害

光污染是指各种光源(日光、灯光、各种反折射光及红外和紫外线等)对周围环境、人类生活和生产环境造成不良影响的现象。国际上一般将光污染分成三类,即白亮污染、人工白昼和彩光污染。

白亮污染指阳光照射强烈时,城市里建筑物的玻璃幕墙、釉面砖墙、磨光大理石和各种涂料等装饰反射光线,明晃白亮、炫眼夺目。研究发现,长时间在白色光亮污染环境下工作和生活的人,视网膜和虹膜都会受到程度不同的损害,视力急剧下降,白内障的发病率高达 45%,还使人头昏心烦,甚至发生失眠、食欲下降、情绪低落、身体乏力等类似神经衰弱的症状。

夏天,玻璃幕墙强烈的反射光进入附近居民楼房内,增加了室内温度,影响正常的生活。有些玻璃幕墙面是半球形的,反射光汇聚还容易引起火灾。烈日下驾车行驶的司机会出其不意地遭到玻璃幕墙反射光的突然袭击,眼睛受到强烈刺激,很容易诱发车祸。

人工白昼指夜幕降临后,商场、酒店上的广告灯、霓虹灯闪烁夺目,令人眼花缭乱。有些强光束甚至直冲云霄,使得夜晚如同白天一样,即所谓人工白昼。在这样的"不夜城"里,夜晚难以入睡,扰乱人体正常的生物钟,导致白天工作效率低下。人工白昼还会伤害鸟类和昆虫,强光可能破坏昆虫在夜间的正常繁殖过程。

彩光污染指舞厅、夜总会安装的黑光灯、旋转灯、荧光灯以及闪烁的彩色光源带来的污染。据测定,黑光灯所产生的紫外线强度远高于太阳光中的紫外线,且对人体有害影响持续时间长。人如果长期接受这种照射,可诱发流鼻血、脱牙、白内障,甚至导致白血病和其他病变。彩色光源让人眼花缭乱,不仅对眼睛有不利的影响,而且干扰大脑中枢神经,使人感到头晕目眩,出现恶心呕吐、失眠等症状。科学家最新研究表明,彩光污染不仅有损人的生理功能,还会影响心理健康。下面我们就具体介绍一下光污染的危害。

4.2.1　光污染对人体的危害

4.2.1.1　可见光部分

从波动的角度而言,可见光是波长在 380～760 nm 的能够被人眼感知的电磁波。太阳光是一种复色光,也就是常说的七色光组合。但是当光的亮度过高或者过低,对比度过强或过弱时,长期生活在这样的环境中就会引起视疲劳,影响身心健康,从而导致工作效率降低。

激光的光谱中大部分属于可见光的范围,而激光具有方向集中、亮度高、颜色单一的特点,在医学、环境监测、物理、化学、天文学及工业生产中大量应用。激光的特点决定了它具有高亮度和强度,同时它通过人体的眼睛晶状体聚集后,到达眼底时增大数百至数万倍。这样就会对眼睛产生巨大的伤害,严重时就会破坏机体组织和神经系统。所以在激光应用的过程中,要特别注意避免激光污染。

杂散光也是光污染中的一部分,它主要来自建筑的玻璃幕墙、光面的建筑装饰(高级光面瓷砖、光面涂料),这些物质的反射系数较高,一般为 60%～90%,比一般较暗建筑表面和粗糙表面的建筑反射系数大 10 倍。当阳光照射在上面时,就会被反射过来,对人眼产生刺激。另一部分杂散光污染来源于夜间照明的灯光通过直射或者反射进入住户内,其光强可能超过人夜晚休息时能承受的范围,从而影响人的睡眠质量,导致神经失调,引起头昏目眩、困倦乏力、精神不集中。人点着灯睡觉不舒服就是这个原因。

当汽车夜间行驶时使用远光灯以及使用不合理的照明,就会产生眩光污染,它可以使人眼受到损伤,甚至失明。

4.2.1.2　红外线部分

红外线辐射指波长在 760～1 060 nm 范围内电磁波的辐射,也就是热辐射。自然界中主要的红外线来源是太阳,人工的红外线来源是加热金属、熔融玻璃、红外激光器等。物体的温度越高,其辐射波长越短,发射的热量就越高。

红外线在军事、科研、工业等方面广泛应用的同时也产生了红外线污染。红外线可以通过高温灼伤人的皮肤。近红外辐射能量在眼睛晶体内被大量吸收,随着波长的增加,角膜和房水基本上吸收全部入射的辐射,这些吸收的能量可传导到眼睛内部结构,从而升高晶体本身的温度,也升高角膜的温度。而晶状体的细胞更新速度非常慢,一天内照射受到伤害,可能在几年后也难以恢复,吹玻璃工或者钢铁冶炼工白内障得病率较高就是这个原因。

4.2.1.3　紫外线部分

紫外线辐射是波长范围在 10～380 nm 的电磁波,其频率范围在 $(0.7～3)\times 10^{15}$ Hz,相应的光子能量为 3.1～12.4 eV。自然界中的紫外线来自太阳辐射,不同波长的紫外线可被空气、水或生物分子吸收。人工紫外线是由电弧和气体放电所产生的。紫外线具有有益效应,即长期缺乏紫外线辐射可对人体产生有害作用。其中最明显的现象是维生素 D 缺乏症和由于磷和钙的新陈代谢紊乱所导致的儿童佝偻病发生。对此应采取措施以增加紫外辐射的接触,通过改善房屋建筑结构、开窗方向、应用可透过紫外辐射的窗玻璃、采用日光浴、发展人工紫外辐射设备等手段,均可矫正或预防由于缺乏紫外辐射而引起的疾病症状。同时也存在有害效应:当波长在 220～320 nm 时对人体有损伤作用,有害效应可分为急性和慢性两种,主要是影响眼睛和皮肤。紫外线辐射对眼睛的急性效应有光致结膜炎的发生,引起不舒适,但通常可恢复,采用适当的眼镜就可预防。紫外辐射对皮肤的急性效应可引起水泡和皮肤表面的损伤,继发感染和全身效应,类似一度或者二度烧伤。眼睛的慢性效应可导致结膜鳞状细胞癌及白内障的发生。紫外辐射引起的慢性皮肤病变,也可能产生恶性皮肤肿瘤。紫外线的另一类污染是通过间接的作用危害人类,就是当紫外线作用于大气的污染物 HCl 和 NO_2 等时,就会促进化学反应的发生而产生光化学烟雾。英国的伦敦和美国的洛杉矶就曾发生了光化学烟雾事故,造成大量人员伤亡。

4.2.2　光污染的其他影响和危害

4.2.2.1　光污染有碍司机视觉

墙体外部采用钢化玻璃是目前城市建筑流行的一种新时尚,但是它们造成的交通危害却不可忽视。金碧辉煌的玻璃幕墙在烈日的照射下仿佛一个巨大的探照灯,影响周边居民的生活,而在交通繁忙地段的建筑物的强烈反光又会有碍司机的视觉。有市民在骑自行车外出时,突然发觉眼前一亮,一束强光让其差点摔倒,原来是一辆汽车的水银玻璃惹的祸。光污染已经在悄无声息地影响着市民的日常生活。

4.2.2.2　光污染加剧热岛现象

光彩照人的建筑物群虽然让城市更加现代繁华,却将热量反射到四周,加剧着城市热岛现象。因为城市热岛现象的加剧,一些城市的年平均气温十年来提高了 1～2 ℃。而形成被戏称为"人造火山"现象的"元凶"之一就是作为"反光镜"的玻璃建筑物。大面积的建筑物玻璃墙反照太阳光,使之辐射到周围地区,导致辐射区气温升高,造成光热污染。

4.2.2.3　光污染使人们不见星空

流光溢彩的夜景曾使众多的游人流连忘返。然而,光污染也正伴随着夜间的灯光开始蔓延。据美国最新调查研究,夜晚的华灯造成的光污染已使全世界 1/5 的人对银河视而不见,约有 2/3 的人生活在光污染里。

4.2.2.4　对天文观测的影响

在可见光的污染中过度的城市照明对天文观测的影响受到人们的普遍重视。国际天文学联合会就将光污染列为影响天文学工作的现代四大污染之一。各种光污染直接作用于观测系统使天文系统观测的数据变得模糊甚至做出错误的判断。由于光污染的影响,洛杉矶附近的芒特威尔逊天文台几乎放弃了深空天文学的研究。我国的南京紫金山天文台,由于受到光污染的影响,部分机构不得不迁出市区。

4.2.2.5　光污染对动植物的危害

研究表明,光污染能够破坏植物的生物钟,在夜间户外灯光的照射下,植物的叶或茎变色,甚至枯萎。另外,光污染还会对植物花芽产生影响,长时间、大剂量的夜间灯光照射,就会导致植物花芽过早形成。光污染也会影响植物的休眠和冬芽的形成。

当晚间金鱼在鱼缸里缓慢游动时,靠近鱼缸开启 20 W 的灯泡,金鱼就会迅速游动,当亮度增至 100 W 时,金鱼就会惊恐不停地快速游动,而长期在高照度光源下生活的金鱼由于缺乏休息,寿命就会缩短。除此以外,由于昆虫的趋光性,夜间灯光会吸引大量的昆虫,有的会大量繁殖引起虫害,有的则直接扑向灯光而丧命。长此以往,生态平衡就会被打破。

4.2.3　光污染的防治

光污染很难像其他环境污染那样通过分解、转化和稀释等方式消除或减轻,因此,其防治应以预防为主。

① 卫生、环保部门做好光污染的宣传工作,提高市民素质,要教育人们科学合理地使用灯光,并制定相应技术标准和法律法规,采取综合的防治措施。科研部门要进行光污染对人群健康影响的科学调查,让广大市民对光污染有所了解。

② 合理的城市规划和建筑设计可有效地减少可见光污染。在城市规划和建设时,加强预防性卫生监督,竣工验收时卫生、环保部门要积极参与,并且要开展日常的监督检测。限建或少建带有玻璃幕墙的建筑,已经建成的高层建筑则尽可能减少玻璃幕墙的面积,并尽量让这些玻璃幕墙建筑远离交通路口、繁华地段和住宅区。此外,还应选择反射系数较小的材料。特殊部门(如天文台)在建设选址时要注意光环境因素,避免选址错误。2015 年,针对不断出现的玻璃幕墙事故,住房和

城乡建设部、国家安全生产监督管理总局联合发布了《关于进一步加强玻璃幕墙安全防护工作的通知》,明确要求部分新建建筑二层及以上不得使用玻璃幕墙。

③ 对有红外线和紫外线污染的场所采取必要的安全防护措施。如加强管理和制度建设,对产生红外线、紫外线的设备定期检查、维护,严防误照;确保紫外消毒设施在无人状态下进行消毒,杜绝将紫外灯作为照明灯使用。

④ 提高市民素质,倡导大家保护环境,以预防为主。教育人们科学合理地使用灯光,注意调整亮度,白天提倡使用自然光。强化自我保护意识,注意工作环境中的紫外线、红外线的损伤,劳逸结合,夜间尽量少到强光污染的场所活动。采用个人防护措施,主要是戴防护眼镜和防护面罩。对于从事电焊、玻璃加工、冶炼等产生强烈红外线和紫外线的工作人员,应重视个人防护工作,可根据具体情况佩戴反射型、光化学反应型、反射-吸收型、爆炸型、吸收型、光电型和变色微晶玻璃型等不同类型的防护镜、防护面罩。使用电脑、电视时,要注意保护眼睛,距光源保持一定的距离并适当休息,同时采取一定的防辐射措施。

⑤ 加强绿化和恰当的美化,根据暗色吸光、浅色反光、粗糙瓦解光的原理,适当地增加地面、物体表面的粗糙度,以减少光的反射程度。如在建筑物和娱乐场所的周围做合理规划,进行绿化和减少反射系数大的装饰材料的使用。

4.3　光因素的利用与环境保护

光与人们的生活和生产关系非常密切。人们借助光来观察世界,从事生产劳动,光也是人们通常遇到的一种最普遍的自然现象。所以,人们很早便对光产生了兴趣,并开始了研究。

4.3.1　声光技术在雷达上的主要应用

近几十年中,国防发展前沿之一的光电子技术陆续进入武器装备的许多领域。声光技术在雷达上发挥着独特的作用:

① 雷达预警系统和侦察系统的实时频谱分析。在电子对抗战中,为了实现有效干扰和准确预警,必须掌握敌方全部雷达站所用信号频率,声光频谱分析仪接收由天线来的信号,先经射频放大再经变频进入声光器件的工作频段。再通过声光交互作用后产生的衍射光,经 FT 透镜变换,由后置光电检测进行光电转换,最后由计算机进行频谱分析,确定接收信号的方位、频谱、脉宽、功率等。

② 信号的相关处理。从雷达天线接收到的回波信号常被噪声淹没,鉴别它是否为回波信号的最有效的办法是对它进行相关处理。

③ 雷达信号延迟时间控制。先进的高分辨率雷达要求低损耗、大时间带宽积的延迟器件进行信号处理。同轴电缆线和波导延迟线已不能满足要求,声表面波电荷耦合器件的性能虽有所提高,但仍然不够。而光纤式声光延迟线的性能非常适合雷达信号处理,它的基本工作原理依然是利用声光衍射,并且可做成光纤声光抽头延迟线。

④ 相控阵雷达延时单元。在相控阵雷达的天线中,声光器件也发挥着重要作用。特别是它对延迟时间的精确控制是一般器件难以达到的,同时它的工作频率高、信噪比好,还可减小系统的尺寸和质量以及提高处理速度。据国外报道,该器件精确度可达到纳秒量级,并可以集成为非常小的光学系统。

4.3.2　光子学在农业和食品工业中的应用

随着光子技术的发展,机器视觉、光谱和显微技术、生物传感和光学遥控传感将越来越多地帮助农业和食品工业节省时间和资金。

用于工业的复杂机器视觉系统正在进入农业和食品工业,有些还配置了具有决策功能的更高级软件。对食品成分更深入的分析需要用各种光谱和显微技术,傅里叶变换红外分析仪和拉曼分光计提供食品的定量分析,比传统费时的化学方法更快速和准确得多。对于大多数加工食品的分析,只要用光学显微镜和近红外分光计就够了,虽然它们不能提供定量分析,但可为食品工业迅速和简易地提供足够的信息。

4.3.3　光子学在环境保护中的应用

近年来,光的显微镜和分光计、纤维光学传感器、超光谱成像器和各种各样的遥控传感器在环境监测、控制方面所起作用越来越大。

4.3.4　其他应用

生物组织吸收激光能量后,将光能转变为生物组织的热能,这个过程称为光热作用。光热作用是激光治病的主要依据。

在井巷施工中推广应用掘进光爆技术,既提高了单进水平,降低了生产成本,又提高了工程质量,增加了安全可靠性,可达到"安全、优质、高效、低耗"的目的。除了在煤矿推广应用外,还可以应用在公路、铁路、隧道等施工中。

第 5 章　电磁辐射污染

　　人类认识电磁现象已有 200 多年的历史,19 世纪 60 年代麦克斯韦在前人研究的基础上预言了电磁波的存在,20 年后德国物理学家赫兹首先实现了电磁波传播,从此人类逐步进入信息时代。在电气化高度发展的今天,在地球上各式各样的电磁波充满人类生活的空间。无线电广播、电视、无线通信、卫星通信、无线电导航、雷达、微波中继站、电子计算机、高频淬火、焊接、熔炼、塑料热合、微波加热与干燥、短波与微波治疗、高压及超高压输电网、变电站等的广泛应用,对于促进社会进步与人类物质文化生活水平提高带来了极大的便利。目前与人们日常生活密切相关的手机、对讲机、家庭电脑、电热毯、微波炉等家用电器相继进入千家万户,通信事业的崛起又使手机成为这个时代的"宠物",给人们的学习、经济生活带来极大的方便。但是由于人类对电磁辐射认识的不足以及电磁辐射知识教育的缺乏,对一些新闻报道、自媒体消息的误解和误传,使得人们谈"辐射"而色变。

　　电磁辐射无处不在,自然界的太阳光、闪电和宇宙射线等都是天然存在的电磁波,人们已经在一定程度上适应了这类辐射。而人类以电磁技术为基础的许多发明创造,也会向空间辐射电磁能量,如手机、基站、微波炉、电脑和家电等。电磁辐射是指电磁能量以电磁波或者光量子形式发射到空间的现象。可以说只要有电、有光,就有电磁辐射。电磁波谱的范围相当大,从长波、中波、短波、超短波等无线电波,到以热辐射为主的远红外及红外线,再到可见光、紫外光,直至 X 射线、γ射线等放射性辐射,都属于电磁波范围。本章中我们只讨论狭义的环境电磁污染,即由无线电波范围内的辐射所引起的环境污染以及以似稳态电磁场形式存在的工频电磁污染。

5.1　电磁污染源

　　电磁污染是指天然的和人为的各种电磁波干扰,以及对人体有害的电磁辐射。在环境保护研究中,电磁污染源主要是指其强度达到一定程度、对人体机能产生不利影响的电磁辐射。影响人类生活环境的电磁污染源可分为天然污染源和人为污染源两大类。

5.1.1　天然电磁污染源

天然电磁污染源是某些自然现象引起的,最常见的是雷电。电磁波的频带分布极宽,从几千赫兹到几百赫兹,雷电除了可能对电气设备、飞机、建筑物等直接造成危害外,还会在广大地区产生严重的电磁干扰。此外,火山喷发、地震和太阳黑子活动引起的磁暴等都会产生电磁干扰。这里要特别注意,太阳黑子活动活跃时会发生磁暴,对地球的磁场产生影响,同太阳风中的高能等离子体对地球的电离辐射污染不同。通常情况下,天然辐射的强度一般对人类影响不大,即使局部地区雷电在瞬间的冲击放电可使人畜伤亡,但发生的概率较小。因此,可以认为自然辐射源对人类并不构成严重的危害。然而天然电磁辐射对短波通信的影响特别严重,天然电磁污染源见表 5-1。

表 5-1　天然电磁污染源

分类	来源
大气与空气污染源	自然界的火花放电、雷电、台风、火山喷烟等
太阳电磁场源	太阳的黑子活动与黑体放射
宇宙电磁污染源	银河系恒星的爆发、宇宙间电子移动

5.1.2　人工电磁污染源

人工电磁污染产生于人工制造的若干系统、电子设备与电气装置。人工电磁污染源主要有以下三种:

① 脉冲放电,如切断大电流电路时产生的火花放电。电流强度的瞬时变化很大,会产生很强的电磁干扰。它在本质上与雷电相同,只是影响区域较小。

② 工频交变电磁场,如大功率电机、变电器及输电线等附近的电磁场。

③ 射频电磁辐射,如广播、电视、微波通信等。

目前,射频电磁辐射已成为电磁污染环境的主要因素。

工频场源和射频场源同属人工电磁污染源,但频率范围不同。工频场源中,以大功率输电线路所产生的电磁污染为主,同时也包括若干种放电型的污染源,频率变化范围为数十至数百赫兹。射频场源主要指由于无线电设备或射频设备工作过程中所产生的电磁感应和电磁辐射,频率变化范围为 $0.1 \sim 3\,000\ \mathrm{MHz}$。

5.1.3　电磁辐射的传播途径

电磁辐射的传播,大体上可分为空间辐射、导线传播和复合污染三种途径。

（1）空间辐射

当电子设备或电气装置工作时,设备本身就是一个多型发射天线,会不断地向空间辐射电磁能量。以场源为中心,半径为 1/6 波长的范围之内的电磁能量传播是以电磁感应方式为主,将能量施加于附近的仪器仪表、电子设备和人体上。在半径为 1/6 波长的范围之外的电磁能量传播,是以空间放射方式将能量向外辐射的。

（2）导线传播

当射频设备与其他设备共用一个电源供电时,或者它们之间有电气连接时,那么电磁能量（信号）就会通过导线进行传播。此外,信号的输出、输入电路和控制电路等也能在强电磁场之中"拾取"信号,并将所"拾取"的信号再进行传播。

（3）复合污染

同时存在空间辐射与导线传播时所造成的电磁污染称为复合污染。

5.2　电磁辐射的影响和危害

人们可能暴露其中的电磁场主要包括两个频段:一个是极低频段,频率小于 300 Hz,如大众熟知的电力供应中使用的 50 Hz 和 60 Hz,以及电力线、电气和电子设备产生的电磁场的频率;另一个是射频段,频率在 10 MHz（1 MHz＝10^6 Hz）到 300 GHz（1 GHz＝10^9 Hz）,当前无线通信设备在这个频段运行,主要是移动电话使用的 900 Hz 和 1 800 Hz。现代社会人们更多地暴露于人造来源的电磁场,主要包括四类:一是人工的无线发射设备,包括手机、无线路由器、电信基站、无线电台、计算机屏幕和许多其他日常生活中广泛使用的电子设备;二是电力工频强电系统发出的无源辐射,包括超高压输电线、变电所和磁悬浮轨道交通等;三是电子仪器、医疗仪器、激光照相设备等工业医疗设备产生的电磁辐射;四是电脑、冰箱、空调、微波炉、电磁炉、家用理疗仪等家用电器产生的电磁辐射。随着科技的发展进步,越来越多的高科技电子产品改变了人们的生活方式,在带来快捷和便利的同时也让人们无时无刻不暴露在电磁辐射之中。电磁辐射究竟会对人类健康造成什么影响,影响的大小及安全范围等,是目前研究中主要关心的问题。

环境物理教育研究

5.2.1　电磁辐射对人体健康的影响

5.2.1.1　电磁辐射对生物体的作用机理

（1）生物效应

构成生物体的生物材料，绝大多数为抗磁性，少数是含过渡族原子（如 Fe、V、Mn、Co、Cu、Mo 等）的生物材料，在一定条件下表现顺磁性。外加磁场对生物磁性和生物体中带电粒子的作用，必然会影响生命过程，即产生磁生物效应。这方面的课题研究，导致了生物磁学的发展。磁生物效应非常复杂，目前尚未研究清楚，这里仅做一般的介绍。

根据磁场强度，可把磁场生物效应分为强磁场效应、地磁场效应、极弱磁场效应。地磁表面磁场约 0.5 Oe（奥斯特，厘米-克-秒单位制中磁场强度单位，1 Oe＝79.577 5 A/m），远高于地磁的为强磁场，远低于地磁的为极弱磁场。太阳表面磁场约 1 Oe，太阳黑子磁场约 $10^2 \sim 10^3$ Oe，白矮星表面磁场约 10^6 Oe，中子星表面磁场约 10^{12} Oe，这些是自然强磁场；月球表面磁场约 $10^{-5} \sim 10^{-8}$ Oe，行星际磁场约 10^{-5} Oe，恒星际磁场约 10^{-6} Oe，星系之间的磁场约 $10^{-8} \sim 10^{-9}$ Oe，这些是自然界的极弱磁场。按磁场强度随时间的变化，又分为恒定（静）磁场与交变磁场。

（2）磁生物效应的宏观特点

磁生物效应的宏观特点可归纳为以下十点：

① 阈磁场效应：即生物受到磁场作用时，其强度或梯度必须超过该种生物或生命现象的阈（或临界）磁场强度 H_0 或临界磁场梯度 $(dH/dx)_0$ 时，才会引起一定的生物效应。

② 磁场场型效应：即磁生物效应与磁场随空间和时间的变化类型（均匀程度、稳恒还是交变）有关。

③ 磁场矢量效应：磁场强度和梯度都是矢量，它们产生的生物效应如力、力矩、感应电动势也具有矢量性质，这些矢量随场强大小和方向的改变而改变。

④ 磁滞滞后效应：磁场产生的生物效应，一般并不是一加上磁场就立刻发生，也不是一去掉磁场就刻消失，在时间上生物效应总是落后于磁场。

⑤ 磁场累积效应：磁场产生的生物效应的显著程度，取决于作用于生物的总能量，即取决于磁场强度 H 或磁场梯度 dH/dx 与时间 t 的乘积，即 Ht 或 $(dH/dx)t$，一般称为磁场强度剂量或磁场梯度剂量。

⑥ 磁场放大效应：一般作用于生物的磁场的能量很小，而产生的生物效应往往很大，即显示出一种放大效应。外加磁场这时仅仅起着触发作用。例如，微弱的地球磁场可以对某些生物起着定向和导航的作用。

⑦ 磁致生物层次效应：磁场对生物的分子、细胞、组织、器官等不同层次有不

同影响,称为磁致生物层次效应。

⑧ 磁致功能效应:磁场可以引起生物组织结构与功能的变化。

⑨ 磁致发育效应:磁场对生物发育不同阶段影响不同,一般对生物发育初期影响较大。

⑩ 磁致遗传效应:磁场会使某些生物性状发生变异而遗传多代,只不过逐代减弱。

（3）磁生物效应的微观机理

磁生物效应的微观机理目前尚未解决。这里列出磁生物效应可能涉及的若干微观机制:

① 磁场影响电子传递:生物化学中的氧化还原反应、生物电流等电子传递过程都可能受到磁场的影响,从而影响有关的生命现象。

② 磁场影响自由基活动:带有未配对电子的原子团——自由基,具有较大的化学活性。光合作用、发育、衰老、癌变、辐射损伤等,都伴随有自由基的产生、转移、消失。自由基一方面带有未抵消的电荷,另一方面又具有未配对的自旋,即具有未抵消的磁矩,因而会受磁场的影响。

③ 影响蛋白质和酶的活性:一些蛋白质和酶含有微量的过渡金属元素,其未填满的电子壳层一般为顺磁性。磁场对顺磁性原子有影响,从而会影响蛋白质和酶的活性。

④ 影响生物膜渗透性:磁场能够影响带电离子(如 Na^+、K^+、Cl^- 等)对生物膜的渗透力,因而引起生物的代谢、生化过程、膜电位的变化等。

⑤ 影响生物半导体效应:生物体内某些物质(如叶绿素、某些激素)具有半导体性质。价带与导带间的电子跃迁对应于一定的生物功能。外加磁场可以影响这种电子-空穴的运动,因而能引起相应的生物效应。

⑥ 影响生物体内的磁水效应:磁场处理水称为磁水。水是抗磁性物质,结构非常复杂,磁场对水的影响尚未研究清楚,但磁场处理的水的性能有许多改变,在技术上得到了一些应用,如锅炉除垢、浸种、医疗等。生物体中水占重要地位,占人体体重的 65％左右,磁场对水性能的影响必然会导致相应生物效应的改变。

⑦ 影响遗传基因的变化:DNA 的氢键键能很小,仅为 $\leqslant 10^{-2}\,eV$,磁场可能会引起氢键变化,引起遗传信息的改变,从而导致遗传变异效应。

⑧ 影响生物的代谢过程:磁场通过对酶活动、生物电过程的影响,可以影响生物的代谢过程。

5.2.1.2　手机电磁辐射对人的影响

大量的研究表明,电磁辐射不会破坏我们身体里的分子,但是其中也有一些辐射可以刺激我们的肌肉和神经且有些可以让汗毛颤抖,超过一定阈值时就会让人们有一种刺痛的感觉。微波会让食物中的水分子来回运动,从而来加热它们。我们身边已经被来自大自然且绝大部分是无害的辐射源所包围了,而且这种辐射从一开始就存在,但自从工业革命以来,我们在自己周围的环境中又添加了很多辐射源。辐射是否有害这个问题,首次引起公众关注是在 1979 年,一项研究把白血病和生活在供电线附近联系了起来,但这项研究很快就被驳回了,白血病和供电线之间的联系没法被解释,同时也没有任何直接的因果关系被证实。但是这个说法一经提出便流传下来,几千项关于辐射危害的研究也说明了辐射还是被当作一个真实的威胁,有很多人都表示自己对电器还有手机的辐射很敏感,报告了诸如头痛、恶心、皮肤反应、眼睛刺痛或者全身无力的症状。科学研究想要回答的问题并不是辐射所带来的急性影响,举个例子,我们知道 X 射线可以对细胞里面的 DNA 造成即时的损伤,但是无线电并没有类似的效果。科学界想要研究的其实是我们每天都能接触到的弱电磁辐射是否会通过一种目前未知的方式长期损害我们的健康。

联合国 1996 年发起国际电磁辐射项目(the International EMF Project),旨在全面研究电磁辐射对健康的可能影响,并制定国际认可的 EMF 暴露标准。在研究过程中发现,电磁辐射是否对健康存在影响,研究者间争议较大。我们发现,电磁辐射是否有害这个争论,是一个"科学界该如何交流、不该如何交流"的很好的例子,很多被广为引用的散布对电磁辐射恐慌情绪的研究都备受争议,有很多的人口调查都基于问卷和自我报告,可见人们的回答是不可靠的,更容易记错事情或是受到外界影响。如文献频繁引用的关键词"突发性最强的电磁场相关特发性环境过敏",指特定人群报告,因暴露于电磁场而产生的精神或躯体症状。然而,这种过敏症是由电磁辐射造成的,还是因报告者过于担心电磁辐射等心理因素所致,尚有较大争议。研究表明,个人的电磁辐射认知及其心理因素都与这些自我报告症状有关。除此之外,研究者或者是媒体可能会挑选最符合他们观点的结果,或是编造数据制造一个大新闻。曾经有一项大鼠和小鼠癌症和手机辐射的关系的研究,结果只是雄性大鼠中表现出来,小鼠中则完全不表现相关,但是实验之后的报道却声称该研究证实"手机辐射会导致癌症",不幸的是,这种谬误在支持和反对方的研究里都有出现。世界卫生组织官方已经把无线电波场定义成了可能致癌,但是"可能致癌"的意思实际上是有某些迹象表明它有致癌的可能,但是我们没法证明它。美国食品药品管理局认为,电磁辐射暴露和肿瘤形成之间没有可量化的因果关系。欧盟委员会认为,手机射频辐射暴露的流行病学研究并未显示脑肿瘤或其他头颈部癌症的风险增加。中国疾病预防控制中心认为,最近没有国家或国际审查认为暴露于移动电话或基站射频场能够对健康产生任何负面影响。所以总体来说,在关于人体的研究中,并没有一致的证据表明,低于暴露量限值的电磁辐射会导致任何健康问题,在统计学上有些许的联系,但是它们通常都是弱相关而且不可复现。所以,基于目前科技发展水平,我们不需要担心身边电脑、手机或者电视的辐射。相反,在这个关注热点的社会,谈论未必证实的危害,会让我们忽视一些确认对我们有害的事物。比如,空气污染和每年 420 万的早逝有关,并且绝对是我们当下可以大力治理的。当然,为了让人们感觉更安全一点,也同时为了下定论,已经有几项长期研究正在进行了,比如说自 2010 年 4 月开始的 COSMOS 队列研究,则侧重于手机使用对健康的影响,目标是在欧洲 5 国征募 25 万人以上参与,并进行长达 30 年的追踪调查。COSMOS 通过精确记录通话频率和长度,来研究使用手机对健康的影响,在我们等待着这些长期研究的结论出来之前,还有很多更紧急的问题值得我们关注,例如与其担心手机和网络对健康产生什么影响,不如想想它们在其他方面的危害,如夜晚黑灯环境下,长时间观看手机以及不良的看手机姿势对视力的影响。

5.2.1.3 微波电磁辐射对人的影响

微波通常是指频率在 300～300 000 MHz、波长在 1 m 以下的电磁波,比移动通信电磁波段的频率高,其辐射对人的影响更为值得关注。

(1) 微波电磁辐射的致癌作用

大部分实验动物经微波作用后,可以使癌的发生率上升。调查表明,在 2×10^{-3} Gs(高斯,磁感应强度单位,1 Gs $= 10^{-4}$ T)以上电磁波磁场中,人群患白血病的为正常的 2.93 倍,患肌肉肿瘤的为正常的 3.26 倍。一些微波生物学家的实验表明,电磁辐射会促使人体内的(遗传基因)微粒细胞染色体发生突变和有丝分裂异常,而使某些组织出现病理性增生过程,使正常细胞变为癌细胞。

(2) 对视觉系统的影响

眼组织含有大量的水分,易吸收电磁辐射功率,而且眼的血流量少,故在微波电磁辐射作用下,眼球的温度易升高,而温度升高是产生白内障的主要条件。由于温度上升导致眼晶状体蛋白质凝固,故较低强度的微波长期作用,可以加速晶状体的衰老和混浊,并有可能使有色视野缩小和暗适应时间延长,造成某些视觉障碍。长期低强度电磁辐射的作用,可促使视觉疲劳,眼感到不舒适或造成眼的干燥等现象。强度在 10 mW/cm² 的微波照射眼睛几分钟,就可以使晶状体出现水肿,严重的则成为白内障。强度更高的微波,则会使视力完全丧失。

5.2.2 电磁辐射对装置、物质、设备的影响和危害

5.2.2.1 射频辐射对通信、电视的干扰

射频设备和广播发射机振荡回路的电磁泄漏,以及电源线、馈线和天线等向外辐射的电磁能,不仅对周围操作人员的健康造成影响,而且可以干扰位于这个区

域范围内的各种电子设备的正常工作,如无线电通信、无线电计量、雷达导航、电子计算机、电气医疗设备等电子系统。在空间电波的干扰下,可使信号失误、图形失真、控制失灵,以至于无法正常工作。

电磁辐射对电气设备、飞机和建筑物等可能造成直接破坏。当飞机在空中飞行时,如果通信和导航系统受到电磁干扰,就会同基地失去联系,可能造成飞行事故;当舰船上使用的通信、导航或遇险呼救频率受到电磁干扰,就会影响航海安全;有的电磁波还会对有线电设施产生干扰而引起铁路信号的失误动作、交通指挥灯的失控、电子计算机的差错和自动化工厂操作的失灵,甚至还可能使民航系统的警报被拉响而发出假警报;在纵横交错的高压线网、电视发射台、转播台等附近的家庭,电视机会被严重干扰;装有心脏起搏器的病人处于高电磁辐射的环境中,心脏起搏器的正常使用会受影响。

另外,电波不仅可以干扰和它同频或邻频的设备,而且还可以干扰比它频率高得多的设备,也可以干扰比它频率低得多的设备。其对无线电设备所造成的干扰危害是相当严重的,必须对此严加限制。

5.2.2.2　电磁辐射对易爆物质和装置的危害

在强磁场中,电磁场引起的金属感应电压很高,当金属相碰时,会引起电火花,可能引起易燃或易爆物的燃烧或爆炸。火药、炸药及雷管等都具有较低的燃点,遇到摩擦、碰撞、冲击等情况,很容易发生爆炸。在辐射能作用下,同样可以发生意外的爆炸。许多常规兵器采用电气引爆装置,如遇高电平的电磁感应和辐射,可能造成控制机构的误动,从而使控制失灵,发生意外的爆炸。如高频辐射场强能够使导弹制导系统控制失灵,电爆管的效应提前或滞后,造成不安全的爆炸事故。

5.2.2.3　电磁辐射对挥发性物质的危害

挥发性液体和气体,如酒精、煤油、液化石油气、瓦斯等易燃物质,在高电平电磁感应和辐射作用下,可发生燃烧现象,特别是在静电危害方面尤为突出。

5.2.3　移动电话带来的电磁辐射污染问题

现代人人手一部移动电话,它的电磁波其实是很强的。在电脑前拨通移动电话,往往会发现电脑屏幕闪烁不已;在打开的收音机前拨通移动电话,收音机也受到很大的干扰。

飞机拒绝移动电话恐怕已是尽人皆知了。1997 年年初,中国民航总局发出通知,在飞行中严禁旅客在机舱内使用移动电话等电子设备。它不仅关系到飞机的安全,也直接关系到机上数十人乃至数百人的生命财产安全。

移动电话是高频无线通信设备,其发射频率多在 800 MHz 以上,而飞机上的导航系统又最怕高频干扰,飞行中若有人使用移动电话,就极有可能导致飞机的电子控制系统出现误动,使飞机失控,发生重大事故。这样的惨痛教训已很多。

1991 年,英国劳达航空公司的那次触目惊心的空难有 223 人死亡。据有关部门分析,这次空难极有可能是机上有人使用笔记本电脑、移动电话等便携式电子设备,它释放的频率信号启动了飞机的反向推动器,致使机毁人亡。

1996 年 10 月,巴西 TAM 航空公司的一架"霍克-100"飞机也莫名其妙地坠毁了,机上人员全部遇难,甚至地面上的市民也有数名惨遭不幸,这是巴西历史上第二大空难事件。专家们调查事故原因后认为,机上有乘客使用移动电话极有可能是造成飞机坠毁的"元凶"。也就是源于这次空难,巴西空军部民航局(DAC)研拟了一项关于严格限制旅客在飞机飞行时使用移动电话的法案。

从对以上两起比较典型的空难事故的分析来看,事故原因都极有可能与使用移动电话等便携电子设备有关。世界各国都相继制定了限制在飞机上使用移动电话的规定。

5.3　电磁辐射的控制与防护

为了减少电磁场对设备和人的影响,使设备与设备、设备与人在适当的电磁环境中互不干扰、相互共存,必须对电磁环境加强保护与管理。保护电磁环境的重要措施,是对场源所产生的电磁场进行控制与防护。

5.3.1　电磁污染的控制

为防止电磁辐射污染环境,影响人体健康,除了制定适当的安全卫生标准外,还要对高频设备施加有效的屏蔽防护,选定无线电台场地要符合有关规定,新增设电视发射塔要考虑到对环境的影响。在微波应用方面,也要采取防护措施,减少对人体的危害和对环境的污染。电磁辐射防护的手段大体上分为三种:场源控制、区域控制、绿色电磁屏障控制。

5.3.1.1　场源控制

一般来说,对电磁环境实行控制,对场源采取措施是十分有效的。场源控制一般是对电磁污染潜力较大的固定设备采取屏蔽、吸收等措施,以减少场源对环境的影响。

对于微波场源,除了屏蔽外,也可以把一些特殊的吸收体放置于微波场源的一定范围,用来将微波能吸收转化为热能。微波吸收体是根据匹配原理与谐振原理,采用钛氧体、石墨、活性炭、塑料等材料制成尖劈形、泡沫形、蜂窝状的物体及衰减器件等。

5.3.1.2　区域控制

对电磁辐射实行区域控制,是从实践中总结出来的一种减小环境电磁污染危害的有效措施。在一些工业集中的大城市,特别是电子工业中心,人工电磁杂波造成的环境污染和危害比较严重,要进行治理比较麻烦,主要是采用场源控制的办法。对于新建和扩建工业区和城镇,应该进行区域控制,即把人工电磁场源相对地集中在某些区域内,使之远离人们的工作区和生活区。区域的划分,大体有四种类型:

① 自然干净区:应该保证基本上没有射频发射设备或射频工业设备,人和电气设备都不受人工电磁杂波的影响。

② 轻度污染区:允许小功率或低频率射频设备的存在。

③ 广播辐射区:如无线电发射天线附近,电磁场较强,对人的健康和电视接收等有一定影响,因此广播天线应设在远郊区。

④ 工业干扰:是划出的一个特定工业区,将所有射频设备都集中在此区内,对设备的电磁辐射强度不做严格限制,而在四周设立安全隔离带,在安全隔离带以内不得建立厂房和住宅。

5.3.1.3　绿色电磁屏障

绿化作为电磁环境的净化手段,也是人们在长期的实践基础上总结出来的。绿色植物对电磁辐射有较好的吸收作用,因此应该统筹规划,建立从矮到高的绿色电磁屏障,特别是工业辐射区四周的安全隔离带内,应有 10 m 以上宽度的立体绿化带。

5.3.2　电磁辐射的防护

电磁辐射防护的形式,基本上可分为两大类。第一类属于在泄漏和辐射源方面采取的防护措施。其特点是着眼于减少设备的电磁漏场和电磁漏能,使泄漏到空间的电磁场强度和功率密度降低到最小程度。第二类属于在作业人员方面,包括对作业人员工作环境所采取的防护措施。其特点是着眼于增加电波在介质中的传播衰减,使到达人体的场强和能量降低到电磁波照射卫生标准以下。现就有关电磁辐射污染控制问题做一简单的介绍。

5.3.2.1　属于在泄漏和辐射源方面采取的防护措施

（1）高频设备的电磁辐射防护

高频设备的电磁辐射防护的频率范围一般是指 0.1～300 MHz,其防护技术有电磁屏蔽、接地技术及滤波等几种。

① 电磁屏蔽

在电磁场传播的途径中安设电磁屏蔽装置,可使有害的电磁场强度降至容许范围以内。电磁屏蔽装置一般为金属材料制成的封闭壳体。当交变的电磁场传向金属壳体时,一部分被金属壳体表面所反射,一部分在壳体内部被吸收,这样透过壳体的电磁场强度便大幅度衰减。电磁屏蔽的效果与电磁波频率、壳体厚度和屏蔽材料有关。一般地说,频率越高,壳体越厚,材料导电性能越好,屏蔽效果也就越大。电磁屏蔽可分有源场屏蔽和无源场屏蔽两类。前者是把电磁污染源用良好接地的屏蔽壳体包围起来,以防止它对壳体外部环境的影响;后者则是用屏蔽壳体包围需要保护的区域,以防止外部的电磁污染源对壳体内部环境产生干扰。

② 接地技术

射频接地是指将场源屏蔽体或屏蔽体部件内由于感应电流的产生而采取迅速的引流,造成等电势分布的措施。也就是说,高频接地是将设备屏蔽体和大地之间,或者与大地可以看成公共点的某些构件之间,用低电阻的导体连接起来,形成电气通路,使屏蔽系统与大地之间形成一个等电势分布。

接地包括高频设备外壳的接地和屏蔽的接地。屏蔽装置有了良好的接地后可以提高屏蔽效果,以中波段较为明显。屏蔽接地除个别情况,如大型屏蔽室以多点接地外一般采用单点接地。高频接地的接地线不宜太长,其长度最好能限制在1/4 波长以内,即使无法达到这个要求,也应避开 1/4 波长的奇数倍。

③ 滤波

滤波是抑制电磁干扰最有效手段之一。线路滤波的作用就是保证有用信号通过,并阻截无用信号通过。电源网络的所有引入线,在其进入屏蔽室之处必须装设滤波器。若导线分别引入屏蔽室,则要求对每根导线都必须进行单独滤波。在对付电磁干扰信号的传导和某些辐射干扰方面,电源电磁干扰滤波器是相当有效的器件。

滤波器是由电阻、电容和电感组成的一种网络器件。滤波器在电路中的设置位置是各式各样的,其设置位置要根据干扰侵入的途径确定。

④ 其他措施

a. 采用电磁辐射阻波抑制器,通过反作用场在一定程度上抑制无用的电磁散射。

b. 在新产品和新设备的设计制造时,尽可能使用低辐射产品。

c. 从规划着手,对各种电磁辐射设备进行合理安排和布局,并采用机械化或自动化作业,减少作业人员直接进入强电磁辐射区的次数或工作时间。

除上述防护措施外,加强个体防护,通过适当的饮食也可以抵抗电磁辐射的伤害。

(2) 广播、电视发射台,移动通信基站的电磁辐射防护

广播、电视发射台的电磁辐射防护首先应该在项目建设前,以《短波广播发射

台电磁辐射环境监测方法》(HJ 1199—2021)、《中波广播发射台电磁辐射环境监测方法》(HJ 1136—2020)、《移动通信基站电磁辐射环境监测方法》(HJ 972—2018)为标准,进行电磁辐射环境影响评价,实行预防性卫生监督,提出包括防护带要求等预防性防护措施。对于业已建成的发射台对周围区域造成较强场强,一般可考虑以下防护措施:

① 在条件许可的情况下,采取措施,减少对人群密集居住方位的辐射强度,如改变发射天线的结构和方向角。

② 在中波发射天线周围场强大约为 15 V/m、短波场强为 6 V/m 的范围设置一片绿化带。

③ 调整住房用途,将在中波发射天线周围场强大约为 10 V/m、短波场源周围场强为 4 V/m 的范围内的住房改作非生活用房。

④ 利用建筑材料对电磁辐射的吸收或反射特性,在辐射频率较高的波段,使用不同的建筑材料,包括钢筋混凝土,甚至金属材料覆盖建筑物,以衰减室内场强。

(3) 微波设备的电磁辐射防护

为了防止和避免微波辐射对环境的"污染"而造成公害,影响人体健康,在微波辐射的安全防护方面,主要的措施有以下两方面:

① 减少源辐射或泄漏

根据微波传输原理,采用合理的微波设备结构,正确设计并采用适当的措施,完全可以将设备的泄漏水平控制在安全标准以下。在合理设计和合理结构的微波设备制成之后,应对泄漏进行必要的测定。合理地使用微波设备,为了减少不必要的伤害,规定维修制度和操作规程是必要的。

在进行雷达等大功率发射设备的调整和试验时,可利用等效天线或大功率吸收负载的方法来减少从微波天线泄漏的直接辐射。利用功率吸收器(等效天线)可将电磁能转化为热能散掉。

② 实行屏蔽和吸收

为防止微波在工作地点的辐射,可采用反射型和吸收型两种屏蔽方法。

a. 反射微波辐射的屏蔽。使用板状、片状和网状的金属组成的屏蔽壁来反射散射微波,可以较大幅度地衰减微波辐射作用。一般板片状的屏蔽壁比网状的屏蔽壁效果好,也有人用涂银尼龙布来屏蔽,亦有不错的效果。

b. 吸收微波辐射的屏蔽。对于射频,特别是微波辐射,也常利用吸收材料进行微波吸收。

5.3.2.2　属于在作业人员方面采取的防护措施

必须进入微波辐射强度超过照射卫生标准的微波环境的操作人员,可采取下列防护措施:

（1）穿微波防护服

个人防护措施主要有穿防护服、戴防护头盔和防护眼镜等。这些个人防护装备同样也是应用了屏蔽、吸收等原理，用相应材料制成的。现在有采用将银粒经化学处理渗入化纤布或棉布的渗金属布防护服，使用方便，防护效果较好，但银来源困难且价格昂贵。

（2）戴防护面具

面具可制作成封闭型（罩上整个头部），或半边型（只罩头部的后面和面部）。

（3）戴防护眼镜

眼镜可用金属网或薄膜做成风镜式，较受欢迎的是金属膜护目镜。

第 6 章　放射性污染

　　1895 年,德国物理学家伦琴发现了 X 射线。X 射线是波长很短、能量很大的电磁波,具有波动性的一切特点。1898 年,法国物理学家居里夫人从铀矿中发现了新元素钋,4 年后她又发现了镭。居里夫人建议把物质能够自发发出射线的性质称为放射性。原子序数在 84 以上的核素(具有一定数目的质子和一定数目的中子的原子叫作核素)均不稳定,会衰变为较轻的稳定核素,具有放射性,也称为放射性核素,其在自发衰变向稳定态过渡成为新核素的同时会释放出一种或多种电磁波或粒子,也称之为射线,主要包括 α 射线(氦原子核)、β 射线(电子)和 γ 射线(光子),这些射线具有很强的穿透性,凡是具有这种性质的物质,称其为放射性污染物。放射性污染物与一般的化学污染物有着明显的不同,主要表现在每一种放射性核素均具有一定的半衰期,在其自然衰变的时间里,它就会放射出具有一定能量的射线,人类也就不断地受到照射。随着科学技术的发展,人们对各种辐射源的认识逐渐深入,特别是随着核能事业的发展和不断进行核武器爆炸试验,给人类环境又增添了人工放射性物质,对环境造成了新污染。近几十年来,全世界各国的科学家在世界范围内对环境放射性的水平进行了大量的调查研究和系统的监测,对放射性物质的分布、转移规律以及对人体健康的影响有了进一步的认识,并确定了相应的防治方法。

6.1　环境中的放射性

6.1.1　基础知识

6.1.1.1　原子结构

　　在玻尔原子结构模型中,原子核位于原子的中心,被周围处于不同轨道的电子所包围。原子核外部各轨道上的电子分层排列。

　　原子核本身由带正电的质子(电荷为 e)和不带电荷的中子组成。一个具有

Z 个电子(每一个电子的电荷为$-e$)、N 个中子及 P 个质子的中性原子,其原子核中的质子数等于核外轨道中的电子数,整个原子呈中性,即 $Pe-Ze=0$。Z 称为一个原子的原子序数,在数值上也等于质子数,$Z+N$ 为质量数,一般以 A 表示。由 A 与 Z 这两个量可定义出一个特定原子物种,即核素。

核素质量的大小用原子质量单位(符号为 u)表示,其定义为碳原子(质量数为 12)质量的 1/12,即 1 u 为 $1.660\,6\times10^{-27}$ kg。据此推算,中子的质量为 $1.008\,866\,5$ u,质子的质量为 $1.008\,892\,5$ u,电子的质量为 $0.000\,548\,6$ u。可见,质子与中子的质量几乎相等。一个原子的质量数大致可用原子核中的粒子(即质子与中子)的质量总和表示。例如,一种镁的核素包括 12 个质子与 12 个中子,其质量数 $A=24$,原子核质量为 $23.985\,045$ u。某种核素的原子质量与原子核质量之差称为质量过剩。

一个原子的化学性质与其核外轨道上的电子数或原子序数 Z 有关,且 Z 的数目对一种原子是特定的。例如,某个原子有 2 个核外电子,则此原子一定为氦原子(假设此原子未被离子化或处在类似的不平衡状态下)。同样,一个有 8 个电子的原子一定为氧原子。

对一个特定的核素 X 而言,其中 X 为元素符号,代表元素的种类。Z 也决定元素的种类,因而 Z 与 X 一样,可以代表某种特定的元素,因此可简写为 ^{Z}X。例如,碳有 6 个中子、6 个质子,故其核素可以用 ^{12}C 或碳-12 表示。每一种元素(原子序数为 Z)有许多种类的核素(由 Z 与 A 的数目来确定)。Z 的值是固定的,A 的值则不同。这些相同元素的不同核素称为同位素。

氢的原子序数为 1,有质量数分别为 1、2、3 的三个同位素,即其中子数分别为 0、1、2,如图 6-1 所示。这些同位素的化学行为均与氢相同,但其核素质量却不相同。^{1}H(气)的核素质量为 $1.007\,825$ u,^{2}H(氘)为 $2.014\,102$ u,而 ^{3}H(氚)为 $3.016\,049$ u。

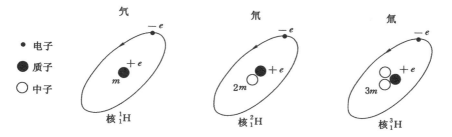

图 6-1　氢的三种同位素

6.1.1.2　放射性与辐射

根据同位素的定义可知,其核素内有不同的中子与质子比。有些比率会使同位素呈不稳定状态,这通常是因为中子与质子的比率太高。由于其不稳定性,核素会以放射出粒子或辐射出电磁波的方式来释放出过剩的能量,从而改变其能量状态而达到平衡。这种核素衰变放射出粒子的性质称为放射性。具有这种活性的同位素称为放射性同位素。

同位素有三种类型:第一类稳定但不具有放射活性;第二类则具有天然的放射活性;第三类是人工制造的且具有放射活性。这些人工制造的放射性同位素是工业上最常用的同位素。

放射性同位素衰变而释放出过剩能量时,产生的主要衰变产物有 α 粒子、β 粒子、γ 射线等。

（1）α 粒子

从概念上讲,重元素不稳定的因素主要是因为原子核太大。使原子核变小的一种途径就是通过释放出质子或中子的方式使本身的粒子变小。质子或中子并不是单个独立地被释放出来,而是以包含两个质子和两个中子的"包装粒子"方式脱离原来的核素。这个"包装粒子"称为 α 粒子。一个 α 粒子相当于氦原子的核素,由两个质子与两个中子所组成。因此,当一个核素放射出 α 粒子时,电荷将减少 $2e$,质量会减少 4 u。其反应式一般表示为:

$$_Z^A X \rightarrow _{Z-2}^{A-4} X + _2^4 He \qquad (6-1)$$

当原子放射出氦这种"包装粒子"时,称为进行 α 辐射衰变过程。α 粒子放射主要发生在原子序数大于 82 的放射性同位素中。随着原子序数的增加,α 粒子衰变迅速增加,这是较重元素的特征之一。在天然放射性同位素的主要衰变链中尤其明显。

当一个原子（母核）放射出 α 粒子后,会衰变成另一种新的元素,一般称为子核。该新元素（即子核）比原来的元素（即母核）少两个质子。例如铀放出 α 粒子后变成钍,镭则变成氡。

（2）β 粒子

β 粒子放射的原因主要是核素中的中子与质子之比太高（即中子数太多）而形成的不稳定性所致。为达到稳定状态,中子会衰变成为一个质子与一个电子,质子仍存留在核素中,从而使中子与质子比下降,电子则被放射出去。这种被放射出来的粒子称为 β 粒子。这种衰变反应的一般表示式如下:

$$_Z^A X \rightarrow _{Z+1}^A X + \beta \qquad (6-2)$$

应该注意,此处利用 β 粒子代表原子核中的电子,有别于其他来源所提供的电子。β 粒子符号中的负号用来避免产生混淆,因为存在另一种类似的粒子,但带正电荷,称为正电子。同样,当发生 β 粒子放射时,原来的原子也会变成另一个新的元素,且其核素中的质子数会增加 1。如果子核同样具有放射活性,则会以相同的方式继续放射出 β 粒子,变成其他新的元素,一直到中子与质子比达到最终稳态时为止。经过这一连串的改变,氡会衰变为镭,最后变成稳定的钇。

（3）γ 射线

α 或 β 粒子放射的过程中会伴随 γ 射线的辐射。在 γ 辐射中,核素将保持其原来的组成。过剩的能量则会放射出来,即原子核的质量数和原子序数都不发生改变,只是原子核的能量状态发生了变化。如果辐射的频率为 ν,核素从能量状态 E_1 改变成能量状态 E_2,则两个能量状态间的能量差可用下式表示：

$$E_1 - E_2 = h\nu \tag{6-3}$$

式中,h 为普朗克常数,其值为 6.624×10^{-34} J;发射出 γ 射线的能量为 $h\nu$。

（4）X 射线

X 射线与 γ 射线十分相似,其差别仅在其来源不同。γ 射线源自核素从一个激发态转移到另一个激发态,X 射线则源自电子从较高的原子能量状态转移到较低的能量状态。由于一般原子能级的间距比核素能级的间距小,所以 X 射线的频率比 γ 射线的频率小。但就工业应用而言,二者间的唯一差别仅在于穿透力不同。由于辐射射线的穿透力随频率的增加而增加,因此 γ 射线具有比 X 射线更强的穿透力。

6.1.1.3　放射性衰变

每一个不稳定(具有放射活性)的原子均会放射出 α 或 β 粒子而达到最终的稳定状态。这种粒子转变到较稳定状态的过程称为衰变。原子衰变主要有 α 衰变、β 衰变和 γ 衰变,分别产生 α 射线、β 射线和 γ 射线。放射性原子核处于不稳定的状态,它们在发生核转变的过程中,能够自发地放出由粒子和光子组成的射线或者辐射出原子核里的过剩能量,本身则转变成另一种核素,或者成为原来核素的较低能态。辐射中所放出的粒子和光子,对周围介质会产生电离作用,这种电离作用就是放射性污染的本质。

6.1.2　辐射源强度

辐射来自天然或人工辐射源,可以是自然衰变的放射性物质、核反应堆、天体辐射源或各种加速器。要评价环境的辐射水平并进行辐射防护,首先必须知道辐射源强度,即辐射源发射功率的大小、放射线的种类和能量范围等有关放射源本身的特性。一种放射源可以有如下几种描述方法。

6.1.2.1　辐射通量

对机械的辐射源和反应堆芯,常用单位时间射入总立体角(4π)内的粒子或光子数来描述辐射源强度是各向异性的,若在源体内有明显的辐射转换时这种方法则不适用。对于反应堆或加速器源,必须考虑反射或反向散射效应及中子谱移的影响。其结果通常以在接近辐射源外部某点为虚源,假定该源被浓集在一个小体积内,因而可以当作点源处理。在反应堆中,芯部的辐射包括瞬发和缓发裂变产物的放射性,常用当量源强度来包括这两种效应对周围辐射场的作用。

6.1.2.2　放射性强度 A

核素改变或同质异能跃迁称为核变化。一定放射性核素的放射性强度为 A,并定义为:

$$A = \frac{dN}{dt} \tag{6-4}$$

式中,dN 为 dt 时间内在一定量的核素中核变化的次数;放射性强度 A 的国际单位为秒$^{-1}$或 s^{-1},其专有名称为"贝克勒尔"(Becquerel),记为"Bq",专用单位为居里或 Ci。

6.1.2.3　半衰期与半排期

放射源的强度不是不变的,而是随时间而衰减变弱的。对纯放射性核素,一般以半衰期 τ 描述其衰变率。若令 λ 为衰变常数,$A = -\lambda N$,由 $A = \frac{dN}{dt} = -\lambda N$ 积分可得:

$$N = N_0 e^{-\lambda t} \tag{6-5}$$

定义从 $t=0, N=N_0$ 衰变到 $N=0.5N_0$ 所需要的时间 $t=\tau$ 为该放射性核素的半衰期。若在活组织中含有放射性物质时,活体源强度的衰减还应考虑生物半衰期的影响。对于一种已知元素,无论是放射性的还是稳定的同位素,其生物半衰期是大致相同的。放射性衰变和生物排放的联合作用,使得活体内放射性核素减少一半所需的时间,称为有效半衰期,记为 $\tau_{有效}$。

6.1.3　环境中放射性的来源

将发生放射性衰变的物质称为放射性核素,分为天然和人工放射性核素。天然存在的放射性核素或同位素(同位素指不包括作为核燃料、核原料、核材料的其他放射性物质)具有自发放出放射线的特征,而人工放射线核素或同位素虽然也具有衰变性质,但核素本身必须通过核反应才能产生。

6.1.3.1　环境中天然放射性的来源

在人类历史过程中,生存环境射线照射持续不断地对人们产生影响,天然本底的辐射主要来源有:宇宙辐射、地球表面的放射性物质、空气中存在的放射性物质、地面水系中含有的放射性物质和人体内的放射性物质。研究天然本底辐射水平具有重要的实用价值和重要的科学意义。其一是核工业及辐射应用的发展均有改变本底辐射水平的可能,因此有必要以天然本底辐射水平作为基线,以区别天然本底与人工放射性污染,及时发现污染并采取相应的环境保护措施。其二是对制定辐射防护标准有较大的参考价值。最后是人类所接受的辐射剂量的 80%来自天然本底幅射,研究本底辐射与人体健康之间的关系,揭示辐射对人危害的实质性问题有重大的意义。

（1）宇宙射线

宇宙射线是一种从宇宙太空中辐射到地球上的射线。在地球大气层以外的宇宙射线称为初级宇宙射线。进入大气层后和空气中的原子核发生碰撞,即产生次级宇宙射线。其中部分射线的穿透本领很大,能透入深水和地下,另一部分穿透本领较小。宇宙射线是人类始终长期受到照射的一种天然辐射源。不同时间、不同纬度、不同高度,宇宙射线的强度也不相同。

海拔高度对宇宙射线强度的影响如图 6-2 所示。

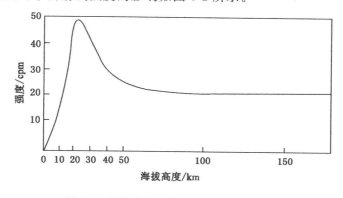

图 6-2　海拔高度对宇宙射线强度的影响

由图可见,从海平面开始,宇宙射线强度随高度上升而迅速增强,大约到 20 km 高度处达到最大值。在这一层空间里,由于大气的密度较大,大气对宇宙射线吸收效应而导致的宇宙射线强度减弱随高度的上升而下降,即越接近海平面,空气的密度越大,对宇宙射线的吸收效应越显著,因此宇宙射线的强度也越弱,反之亦然。与此相反,20～50 km 的这一层空间,宇宙射线的强度随海拔高度的上升而减弱。产生这种变化模式的原因在于,这层空间中的大气密度随高度上升继续下降,此时,初级宇宙射线与大气原子核作用的概率大大增加,与此效应相比,空气的吸收影响居于次要位置。从大气层顶部开始,宇宙射线的强度基本保持恒定,不再随高度的上升而发生变化。这一事实证明,海拔 50 km 以上的空间几乎全部是初级宇宙射线。由于地球磁场的屏蔽作用和大气的吸收作用,

环境物理教育研究

到达地面的宇宙射线的强度是很弱的,对人体并无危害。由于高空超音速飞机和宇航技术的发展,研究宇宙射线的性质和作用才日益被重视。

（2）地球表面的放射性物质

地层中的岩石和土壤中均含有少量的放射性核素,地球表面的放射性物质来自地球表面的各种介质(土壤、岩石、大气及水)中的放射性元素,它可分为中等质量(原子序数小于 83)和重天然放射性同位素两种。

（3）空气中存在的放射性

空气中的天然放射性主要是由于地壳中铀系和钍系的子代产物氡和钍放射性气体的扩散,其他天然放射性核素的含量甚微。这些放射性气体的子体很容易附着在空气溶胶颗粒上,而形成放射性气溶胶。空气中的天然放射性浓度受季节和空气中含尘量的影响较大。在冬季或含尘量较大的工业城市往往空气中的放射性浓度较高,在夏季最低。当然山洞、地下矿穴、铀和钍矿中的放射性浓度都很高,有的可达 10^{-10} Ci/L(1 Ci＝37 GBq)。室内空气中的放射性浓度比室外高,这主要和建筑材料及室内通风情况有关。

（4）地表水系含有的放射性

地表水系含有的放射性往往由水流类型决定。海水中含有大量的 ^{40}K,天然泉水中则有相当数量的铀、钍和镭。水中天然放射性的浓度与水所接触的岩石、土壤中该元素的含量有关。据报道,各种内陆河中天然铀的浓度范围在 0.3～10 μg/L,平均为 0.5 μg/L。^{226}Ra 的浓度变化较大,一般在 0.1～10 μg/L。有些高本底地区水中的 ^{226}Ra 含量可达正常地区的几倍到十几倍。地球上任何一个地方的水或多或少都含有一定量的放射性,并通过饮用对人体构成内照射。

（5）人体内的放射性

由于大气、土壤和水中都含有一定量的放射性核素,通过人的呼吸、饮水和食入不断地把放射性核素摄入体内,进入人体的微量放射性核素分布在全身各个器官和组织,对人体产生内照射剂量。

宇生放射性核素对人体能够产生较显著剂量的有 ^{14}C、^{7}Be、^{22}Na 和 ^{3}H。以 ^{14}C 为例,体内 ^{14}C 的平均浓度为 227 Bq/kg。^{3}H 在体内的平均浓度与地球地表水的浓度相近,地表水的平均浓度为 400 Bq/m³。由于 K 是构成人体重要的生理元素,^{40}K 是对人体产生较大内照剂量的天然放射性核素之一。因为脂肪中并不含钾,钾在人体内的平均浓度与人胖瘦有关。

天然铀、钍及其子体也是人体内照剂量的重要来源。它们进入人体的主要途径是食入。在肌肉中天然铀、钍的平均浓度分别是 0.19 μg/kg 和 0.9 μg/kg,在骨骼中的平均浓度为 7 μg/kg 和 3.1 μg/kg。

镭进入人体的主要途径是食入,混合食物中 ^{226}Ra 的浓度约为每千克数十毫贝克,70%～90%的镭沉积在骨中,其余部分大体均匀分配在软组织中。根据 26 个国家人体骨骼中 ^{226}Ra 含量的测量结果,按人口加权平均,每千克钙中含 ^{226}Ra 的中值为 0.85 Bq。

氡及其短寿命子体对人体产生内照剂量的主要途径是吸入。氡气对人的内照射剂量贡献很小,主要是吸入短寿命子体并沉积在呼吸道内,由它发射的 α 粒子对气管、支气管上皮基底细胞产生很大的照射剂量。^{210}Po 和 ^{210}Pb 通过食入进入人的体内,在正常地区,^{210}Po 和 ^{210}Pb 的每天摄入量为 0.1 Bq。

6.1.3.2　人工放射性污染源

20 世纪 40 年代核军事工业逐渐建立和发展起来,50 年代后核能逐渐被利用到动力工业中。近几十年来随着科学技术的发展,放射性物质被更广泛地应用于各行各业和人们的日常生活中,因而构成了放射污染的人工污染源,见表 6-1。

表 6-1　环境放射性污染的主要来源

污染源	污染源所产生的放射性物质
铀、钍矿的开采冶炼	氡、钍放射性气体及其子代产物含铀、钍、镭的废水
核燃料加工厂	
核反应堆	^3H、^{85}Kr、^{113}Xe、^{131}I、^{85}Br 气体,含感生放射性和核裂变产物的废水、废物
核发电站	
核动力舰艇	
科研、医学、工农业各部门开发使用放射性核素	含有所使用放射性核素如 ^{131}I、^{32}P、^{198}Au、^{65}Zn 等的废物
大气层核武器爆炸	含有核燃料、感生放射性及核裂变产物的放射性气溶胶和放射性沉降物
地下核爆炸冒顶	
意外事故	

（1）核武器试验的沉降物

全球频繁的核武器试验,是造成核放射污染的主要来源。在大气层进行核试验时,核弹爆炸的瞬间,由炽热蒸汽和气体形成蘑菇云携带着弹壳、碎片、地面物和放射性烟云上升,随着与空气的混合,辐射热逐渐损失,温度渐渐降低,于是气态物凝聚成微粒或附着在其他的尘粒上,最后沉降到地面。沉降下来的颗粒物带有放射性,称为放射性沉降物（或沉降灰）。这些放射性物质主要是铀、钍的裂变产物,其中危害较大的有锶-90、铯-137、碘-131、碳-14。这些放射性沉降物除了落到爆区附近外,还可随风扩散到广泛的地区,造成对地表、海洋、人及动植物的污染。细小的放射性颗粒甚至可到达平流层并随大气环流流动,经很长时间(甚至几年)才能回落到对流层,造成全球性污染。

即使是地下核试验,由于"冒顶"或其他事故,仍可造成如上的污染。另外,由于放射性核素都有半衰期,因此在其未完全衰变之前,污染作用不会消失。

自 1945 年美国在新墨西哥州的洛斯阿拉莫斯进行了人类首次核试验以来,全球已进行了 2 000 多次核试验,这对全球大气环境和海洋环境的污染是难以估量的,对人类和动植物的负面影响也是深远的。核试验造成的全球性污染比其他原因造成的污染重得多,因此是地球上放射性污染的主要来源。随着在大气层进行核试验的次数的减少,由此引起的放射性污染也将逐渐减少。

（2）工业和核动力对环境的污染

随着社会的发展,能源越来越紧张,由于煤炭和石油已远不能满足社会对能源的需求,因此,核能的利用得到了飞速的发展,现在世界上已有数百座核电站在运转。在正常运行的情况下,核电站对环境的污染比化石燃烧要小。当然核电站排出的气体、液体和固体废物也是值得特别注意的。

核工业的生产系统包括:铀矿开采和冶炼,^{235}U 加浓,核燃料制备,核燃料燃烧,核燃料运输,核燃料后处理和回收,核废物储存、处理和处置等。在其生产的不同环节均会有放射性核素向环境逸散形成污染源。

从铀矿开采、冶炼直到燃料元件制出,所涉及的主要天然放射性核素是铀、镭、氡等。铀矿山的主要放射性影响源于 ^{222}Rn 及其子体。即使在矿山"退役"后,这种影响还会持续一段时间。

铀矿石在水冶厂进行提取的过程中产生的污染源主要是气态的含铀粉尘、氡以及液态的含铀废液和废渣。水冶厂的尾矿渣数量很大。铀矿石含铀的品位大约在千分之几或万分之几,尾矿渣及浆液占地面积和对环境造成的污染是一个很严重的问题。目前,尚缺乏妥善的处置办法。

核燃料在反应堆中燃烧,反应堆属封闭系统。对人体的辐照主要来自气载核素,如碘、氪、氙等惰性物。资料表明,由放射性惰性气体造成的剂量当量为 0.05~0.10 mSv(Sv,希沃特,辐射剂量的一种单位,反映各种射线或粒子被吸收后引起的生物效应强弱的辐射量)。压水堆排出的废液中含有一定量的氚及中子活化产物,如 ^{60}Co、^{51}Cr、^{54}Mn 等。另外还可能含有由于燃料元件外壳破损逸出,或因外壳表面被少量铀沾染,通过核反应而产生的裂变产物。

经反应堆辐照一定时间后的乏燃料,仍含极高的放射性活度。通常乏燃料被储存在冷却池中以待其大部分核素衰变。但当其被送往后处理厂时,仍含有大量半衰期长的裂变产物,如锶、铯和锕系核素,其活度在 10^{17} Bq 级。因此,乏燃料的储放、运输、处理、转化及回收处置等均需特别重视其防护工作,以免造成危害。

自核燃料后处理厂排出的氚和氪，在环境中将产生积累，成为潜在的污染源。

核动力舰艇和核潜艇的迅速发展，对海洋的污染又增加一个新的污染源。其产生的放射性废物有净化器上的活化产物，如 $^{55,50}Fe$、^{60}Co、^{51}Cr 等。此外，在启动和一次回路以及辅助系统中排出和泄漏的水中都含有一定的放射性。

（3）核事故对环境的污染

操作使用放射性物质的单位，出现异常情况或意想不到的失控状态称为事故。事故状态引起放射性物质向环境大量无节制地排放，造成非常严重的污染。

① 核事件的等级划分

为了对核事件进行准确评定，国际原子能机构将发生的核事件分为 7 个等级。

七级：为特大事故，指核裂变废物外泄在广大地区，具有广泛、长期的健康和环境影响，如 1986 年发生在苏联的切尔诺贝利核电厂事故和 2011 年日本福岛第一核电站事故。

六级：为重大事故，指核裂变产物外泄，需实施全面应急计划，如 1957 年发生在苏联克什姆特的后处理厂事故。

五级：具有厂外危险的事故，核裂变产物外泄，需实施部分应急计划，如 1979 年发生在美国的三哩岛电厂事故。

四级：发生在设施内的事故，有放射性外泄，工作人员受照射，严重影响健康，如 1999 年 9 月 30 日日本发生的核泄漏事故。

三级：严重事件，少量放射性外泄，工作人员受到辐射，产生急性健康效应，如 1989 年西班牙范德略核电厂发生的事件和 2002 年美国戴维斯-贝斯反应堆事故。

二级：不影响动力厂安全。

一级：超出许可运行范围的异常事件，无风险，但安全措施功能异常。

② 放射性污染事件

从核技术使用以来，最严重的一起放射性污染事件于 1984 年 1 月发生在美国。当地的一座治疗癌症的医院，存放放射性钴-60 重 40 多磅（1 b＝0.453 kg）的金属桶，被人运走并把桶盖撬开、将桶弄碎，当即有 6 000 多颗发亮的小圆粒——具有强放射性的钴-60 小丸滚落出来，继而散落在附近场地上，通过人们的各种活动造成大面积的污染。接触钴-60 小丸的人，一个月后许多人出现了严重的受害症状，牙龈和鼻子出血，指甲发黑等。有的表面上没有什么症状，但经化验发现白细胞数、精子数等大大减少。此污染事件，虽当时没有死人，但接触钴-60 放射性污染的人，患癌症可能性要大得多。

目前世界上已发生多起核事故,迄今为止发生的部分严重核事故见表 6-2。

表 6-2　迄今为止发生的部分严重核事故

发生时间	地点和产生危害影响
1957 年 9 月 29 日	苏联乌拉尔山中的秘密核工厂"车里雅宾斯克 65 号"一个装有核废料的仓库发生大爆炸,迫使苏联当局紧急撤走当地 11 000 名居民
1957 年 10 月 7 日	英国东北岸的温德斯凯尔一个核反应堆发生火灾,这次事故产生的放射性物质污染了英国全境,至少有 39 人患癌症死亡
1961 年 1 月 3 日	美国艾奥瓦州一座实验室里的核反应堆发生爆炸,当场炸死 3 名工人
1967 年夏天	苏联"车里雅宾斯克 65 号"用于储存核废料的"卡拉察湖"干枯,结果风将许多放射性微粒子吹往各地,当局不得不撤走了 9 000 名居民
1971 年 11 月 9 日	美国明尼苏达州"北方州电力公司"的一座核反应堆的废水储存设施发生超库存事件,结果导致 5 000 加仑放射性废水流入密西西比河,其中一些水甚至流入圣保罗的城市饮水系统
1979 年 3 月 28 日	美国三哩岛核反应堆因为机械故障和人为的失误而使冷却水和放射性颗粒外逸,但没有人员伤亡报告
1979 年 8 月 7 日	美国田纳西州浓缩铀外泄,结果导致 1 000 人受伤
1986 年 1 月 6 日	美国俄克拉何马州一座核电站因错误加热发生爆炸,结果造成 1 名工人死亡、100 人住院
1986 年 4 月 26 日	苏联切尔诺贝利核电站发生大爆炸,直接造成约 8 000 人死于辐射导致的各种疾病,其放射性云团直抵西欧
1999 年 9 月 30 日	日本发生了有史以来最严重的一次核泄漏事故。在事故发生后的 25 min 时间里,在事故现场 80 m 的范围内,核辐射的强度为日本年度辐射限度的 75 倍,至少 69 人受到了核辐射
2011 年 3 月 11 日	日本东北太平洋地区发生里氏 9.0 级地震,继而发生海啸,设置在地下室的应急柴油发电机淹没在水中而停止运行,核电站全厂停电。停电后,水泵无法运行,不能继续向堆芯和乏燃料池注入冷却水,也就不能带走核燃料的热量。由于核燃料在停堆后仍然会产生巨大的衰变热,在无法继续注水的情况下,堆芯内就会开始空烧,最终导致了 1~3 号机相继发生堆芯熔毁,1、3、4 号机发生氢气爆炸,事故中的一系列事件在周围环境中泄漏了大量放射性物质,包括排气卸压操作、氢气爆炸、安全壳破损、管道蒸汽泄漏、冷却水泄漏等,使得这起事故成了前所未有的特大核事故

（4）其他辐射污染来源

其他辐射污染来源可归纳为两类：一是工业、医疗、军队、核舰艇或研究用的放射源，因运输事故、偷窃、误用、遗失以及废物处理等失去控制而对居民造成大剂量照射或污染环境；二是一般居民消费用品，包括含有天然或人工放射性核素的产品，如放射性发光表盘、夜光表以及彩色电视机产生的照射，某些建筑材料如含铀、镭量高的花岗岩和钢渣砖等，它们的使用也会增加室内的辐照强度。虽对环境造成的污染很低，但也有研究的必要。

随着现代医学的发展，辐射作为诊断、治疗的手段越来越广泛应用，且医用辐照设备增多，诊治范围扩大。辐射在医学上主要用于对癌症的诊断和治疗方面。在诊断检查过程中，各个患者所受的局部剂量差别较大，大约比通过天然源所受的年平均剂量高 50 倍；而在辐射治疗中，个人所受剂量又比诊断时高出数千倍，并且通常是在几周内集中施加在人体的某一部分。诊断与治疗所用的辐射绝大多数为外照射，如诊治肺癌等疾病就采用内照射方式，使射线集中照射病灶，而服用带有放射性的药物亦造成了内照射。辐照方式在应用于医学的同时也增加了操作人员和病人受到的辐射，因此医用射线已成为环境中的主要人工污染源。近几十年来，由于人们逐渐认识到医疗照射的潜在危险，已把更多的注意力放在既能满足诊断放射学的要求，又使患者所受的实际辐射量最小，甚至免受辐射的伤害，并取得了一定的研究进展。

6.2　放射性辐射的生物效应及对人体的危害

放射性污染引起的电离辐射导致的生物损伤多年来已广为人知。文献记载的第一件人体受电离辐射伤害的案例发生在 1895 年伦琴发表论文公开发现 X 射线后的几个月。早在 1902 年，第一件 X 射线导致癌症的案例就已在文献中出现。在 20 世纪 30 年代，早期的辐射专家、镭工业的从业人员及其他特殊职业人员的经验证实，人体暴露于辐射线下会产生有害效应。但对于长期、低剂量的电离辐射暴露所造成的生物伤害，直到 20 世纪 50 年代才开始受到重视。目前有关电离辐射造成生物伤害的知识，大多是在第二次世界大战以后逐渐累积起来的。

6.2.1　生物效应的形式

电离辐射引起的生物损害，按照时间顺序可分为潜伏期、显示期和恢复期三个阶段。

6.2.1.1　潜伏期

从生物体受到辐射到首次检测出伤害之前,通常会有一段延迟时间,这段时间称为潜伏期。潜伏期的时间范围可能会很大。事实上,电离辐射引发的生物效应可分为短期(急性)和长期(慢性)两类。其中,在数分钟、数日或数周出现伤害效应者属于急性,而在数年、数十年或数代出现者则属于延迟性效应。

6.2.1.2　显示期

在潜伏期之后,可以观察到一些不同的效应。生长组织受到电离辐射后最常见的现象是细胞停止进行有丝分裂。这种现象可能是暂时的,也可能是永久的,与辐射剂量的多少有关。其他的生物效应包括染色体破坏、染色质结团、形成巨大细胞或进行不正常的有丝分裂、细胞质颗粒化、染色体特征发生变化、原生质体黏度改变以及细胞壁渗透性的变化等。这些效应可以因为某种刺激而单独地重复出现,但任何单一的化学药剂并不能使全部效应重新再现。在人体的器官或组织内,由于电离辐射致细胞死亡或阻碍细胞分裂等原因,使细胞群严重减少,就会发生这种效应。骨髓、胃肠道和神经系统辐射损伤程度取决于所接受剂量的大小,引起的躯体症状称为急性放射病。急剧接受 1 Gy(戈瑞,用于衡量由电离辐射导致的"能量吸收剂量"的物理单位,它描述了单位质量物体吸收电离辐射能量的大小,1 Gy 表示每千克物质吸收了 1 J 的辐射能量)以上的剂量会引起恶心和呕吐,2 Gy 的全身照射可致急性胃肠型放射病,当剂量大于 3 Gy 时,被照射个体的死亡概率是很大的。在 3~10 Gy 的剂量范围内称感染死亡区。

急性照射的另一种效应是皮肤产生红斑或溃疡。因为皮肤最容易受到 β 和 γ 射线的照射,接受较大的剂量。例如单次接受 3 Gy 的 β 射线或低能 γ 射线的照射,皮肤将产生红斑,剂量更大时将出现水泡、皮肤溃疡等病变。

1987 年,巴西有人将块状的铯-137 当作稀奇的纪念品送人。结果此含放射性的石头导致 4 人死亡,有 103 人患病,而且在这 100 万人口的城市中还有其他未知数量的人生病或死亡。这是西半球最可怕的放射性毒害事件。

6.2.1.3　恢复期

在经过电离辐射暴露后,生物效应会在一段时间内恢复到某种程度,对急性伤害尤为明显。也就是说,在受照射后的数日或数周内出现的损伤可以恢复。然而,有后效的损伤不能恢复,这也是延迟伤害发生的原因。

无论是来自体外的辐射照射还是来自体内的放射性核素的污染,电离辐射对人体的作用都会导致不同程度的生物损伤,并在以后作为临床症状表现出来。这些症状的性质和严重程度以及它们出现的早晚取决于人体吸收的辐射剂量和剂量的分次给予。电离辐射对人体辐射损伤分为躯体效应和遗传效应,国际放射防护委员会又分为随机效应和非随机效应。

6.2.2　急性效应

如果在非常短的时间内,大部分身体受到电离辐射,当所受到的辐射量足够大时,则急性剂量所导致的效应会在数小时或几天内出现。此时的潜伏期会相对较短,且当剂量逐渐提高时,潜伏期会逐渐缩短。这些因短期辐射效应引起的现象与症状,通称为急性辐射综合征。

急性辐射综合征按照发生的顺序可分为以下几个阶段:

(1)前驱症状

这是综合征的初始阶段,通常会有恶心、呕吐及身体不适等现象。可认为与急性病毒感染的前驱症状类似。

(2)潜伏期

此阶段与病毒感染时的病毒潜伏期相似,主观的生病症状可能会消失,人体可能感觉很好。但经过一段时间后,造血器官可能会发生病变,而导致下一个症状的发生。

(3)明显发病期

此时在临床上会出现与辐射伤害相关的现象。可能出现的现象与症状包括发烧、感染、出血、严重腹泻、精神疲劳、神智混乱、心血管衰竭等。这些症状发生的严重程度主要与人体所接受到的辐射剂量大小有关。

(4)恢复或死亡

机体细胞的 DNA 受到辐射损伤后,其损害程度轻重不一,主要取决于受照剂量。如果 DNA 受到小剂量辐射,损伤程度比较轻微,这种损害有可能被细胞中的酶修复。如果 DNA 受到大剂量照射,损伤程度就比较严重,可能导致细胞丧失分裂增生能力,细胞结构立即崩溃、溶解,结果组织细胞锐减,出现增殖死亡。此时机体功能丧失,最终死亡。

6.2.3　延迟效应

电离辐射的延迟效应是指在受暴露数年之后才会显示出伤害的现象,其潜伏期比急性辐射综合征的长。延迟辐射效应通常可能是由于数年前的急性、高剂量或慢性、低剂量的辐射所致。辐射的长期效应并不引发某种特别的疾病。据统计,这些效应的确会随人体长期的辐射暴露而增加。但足以致病的环境条件并不常见,因此必须观察大量受辐射的人口样本数,才能确定这些长期效应。生物统计学与流行病学中的方法可用来探讨剂量与效应间的关系。在延迟效应的研究中,除了需要大量的人体样本数外,各潜伏期的差异也会使问题更加复杂。在某些场合中,许多辐射引发的疾病,必须要数年之后才能观察记录到。值得注意的是,虽然可以利用动物进行一些辐射效应的真实实验,并在实验中除辐射暴露外,其他所有因素均可保持一致,但由于辐射生物作用效应不同,这些实验数据难以有效地应用在人体上。尤其当有些受辐射伤害的人体在先前已患有某种疾病时,更会增加与未受辐射伤害者进行生物效应比较的困难,以致无法获得有意义的结论。

虽然存在上述困难,许多辐射的临床研究仍提供了有力的证据,证实人体经过辐射暴露,长期后的确可能使致病的风险升高。这些资料补充并证实了由动物实验所发现的相同效应。

延迟效应所产生的损害包括癌症、胚胎畸形、白内障、寿命缩短及基因突变等。选用适当的动物物种和辐射剂量进行实验,结果表明所有的电离辐射都有致癌作用,在许多不同的生物组织和器官上形成肿瘤。在人体辐射暴露的研究中,也发现许多引起不同肿瘤的证据。

6.2.4　遗传效应

电离辐射的遗传效应是由于生殖细胞受损伤,而生殖细胞是具有遗传性的细胞。染色体是生物遗传变异的物质基础,由蛋白质和DNA组成。DNA有修复损伤和复制自己的能力,许多决定遗传信息的基因定位在DNA分子的不同区段上。电离辐射的作用使DNA分子损伤,如果是生殖细胞中DNA受到损伤,并把这种损伤传给子孙后代,后代身上就可能出现某种程度的遗传疾病。

电离辐射的致突变性质首先于1927年被发现,当时利用果蝇为实验对象。此后,类似的实验扩展到其他的动物,并且很多实验是在老鼠身上进行的。目前,动物实验仍然是得到有关辐射遗传效应的主要信息来源,并可从许多严谨的实验中得到对健康影响的一些推论。其中包括:① 对辐射的遗传效应而言,不存在所谓的剂量阈值,即引起伤害的下限值;② 因辐射暴露所导致的突变伤害程度,似乎与剂量率有关,因此,对于给定的剂量,如果暴露时间较长,则突变伤害的程度就较小。

关于辐射对于人类遗传影响的主要研究工作,是以1945年日本原子弹爆炸后的幸存者为对象进行的。那些受辐射伤害的某些对象群(如母亲已受辐射伤害而父亲未受伤害的家族),其后代中男女性别的比例,被作为突变率可能增加的指标。假设母亲受到的某些突变伤害是隐性的、致死的,且与性别有关的,则可以预期这些家族中男孩出生的比例会比正常未受辐射伤害的家族少,这似乎与早期报告中的案例相符合。但后来通过对更完整的数据进行分析,并未能证实上述的性别比例效应。

另一项研究是调查与比较患白血病幼儿的父母亲与正常幼儿的父母亲在怀孕前接受辐射的情况。此项研究结果显示，接受过 X 射线诊疗的母亲所生出的孩子，患有白血病的概率确实较高。该结果证实辐射所导致的这种效应显然属于遗传效应，而不是胚胎效应，因为此时辐射出现在母亲受孕之前。

以上两项研究提供的证据表明，电离辐射对人类有致突发性。然而对这些发现所得到的结论应有所保留地评价，首先所研究的人群对象对 X 射线的敏感性可能存在很大的差异，而与所接受的辐射暴露无关。至今尚未发现辐射暴露影响人类遗传的有力证据。

6.2.5　放射性污染对人体的危害

放射性元素产生的电离辐射能杀死生物体的细胞，妨碍正常的细胞分裂和再生，并且引起细胞内遗传信息的突变。受辐射的人在数年或数十年后，可能出现白血病、恶性肿瘤、白内障、生长发育迟缓、生育力降低等远期躯体效应，还可能出现胎儿性别比例变化、先天性畸形、流产、死产等遗传效应。

人体受到射线过量照射所引起的疾病，称为放射性病，它可以分为急性和慢性两种。

急性放射性病是由大剂量的急性辐射所引起，只有在意外放射性事故或核爆炸时才可能发生。例如，在 1945 年日本长崎和广岛的原子弹爆炸中，就曾多次观察到，病者在原子弹爆炸后 1 h 内就出现恶心、呕吐、精神萎靡、头晕、全身衰弱等症状。经过一个潜伏期后，再次出现上述症状，同时伴有出血、毛发脱落和血液成分严重改变等现象，严重的造成死亡。急性放射性病还有潜在的危险，会留下后遗症，而且有的患者会把生理病变遗传给子孙后代。

慢性放射病是由于多次照射、长期累积的结果。全身的慢性放射病，通常与血液病变相联系，如白细胞减少、白血病等。局部的慢性放射病，如当手受到多次照射损伤时，指甲周围的皮肤呈红色且发亮，同时，指甲变脆、变形，手指皮肤光滑、失去指纹，手指无感觉，随后发生溃烂。

放射性照射对人体危害的最大特点之一是远期的影响。例如因受放射性照射而诱发的骨骼肿瘤、白血病、肺癌、卵巢癌等恶性肿瘤，在人体内的潜伏期可长达 10～20 年之久，因此把放射线称为致癌射线。此外，人体受到放射线照射还会出现不育症、遗传疾病、寿命缩短现象。

放射性对机体的损伤作用，在很大程度上是由于放射性射线在机体组织中所引起的电离作用，电离作用使组织内的重要组成成分（如蛋白质分子等）遭到破坏。在 α 射线、β 射线和 γ 射线三种常见的射线中，由于 α 射线的电离能力强，所以对人体的伤害最大，β 射线和 γ 射线对人体的伤害次之。

核辐射对人体的危害取决于受辐射的时间以及辐射量。表 6-3 列出了遭受的辐射量的后果及不同场合所受的辐射量。

表 6-3　不同辐射量照射后的后果及不同场合所受的辐射量

辐射量/Sv	照射后果
$4.5 \sim 8.0$	30 天内将进入垂死状态
$2.0 \sim 4.5$	掉头发,血液发生严重病变,一些人在 2～6 周内死亡
$0.6 \sim 1.0$	出现各种辐射疾病
0.1	患癌症的可能性为 1/130
5×10^{-2}	每年的工作所遭受的核辐射量
7×10^{-3}	大脑扫描的核辐射量
6×10^{-4}	人体内的辐射量
1×10^{-4}	乘飞机时遭受的辐射量
8×10^{-5}	建筑材料每年所产生的辐射量
1×10^{-5}	腿部或者手臂进行 X 射线检查时的辐射量

6.3　放射性污染的控制

随着社会的发展和人民生活水平的提高,辐射防护问题已经不仅仅局限于核工业、医疗卫生、核物理实验研究等领域,在农业、冶金、建材、建筑、地质勘探、环境保护等涉及民生的许多领域都引起了重视。因此,为了工作人员和广大居民的身体健康,必须掌握一定的辐射防护知识和技术。

6.3.1　辐射防护技术

6.3.1.1　外照射防护

外照射的防护方法主要包括时间防护、距离防护和屏蔽防护。

(1) 时间防护

人体所受的辐射剂量与受照射的时间成正比,熟练掌握操作技能,缩短受照时间,是实现防护的有效办法。

(2) 距离防护

点状放射源周围的辐射剂量与离源距离的平方成反比。因此,尽可能远离放射源是减少吸收剂量的有效办法。

（3）屏蔽防护

在放射源和人体之间放置能够吸收或减弱射线强度的材料,达到防护目的。屏蔽材料的选择及厚度与射线的性质和强度有关。

① α射线的屏蔽:由于α粒子质量大,因此它的穿透能力弱,在空气中经过3～8 cm 距离就被吸收了。几乎不用考虑对其进行外照射屏蔽。但在操作强度较大的α源时需要戴上封闭式手套。

② β射线的屏蔽:β射线在物质中的穿透能力比α射线强,在空气中可穿过几米至十几米距离。一般采用低原子序数的材料如铝、塑料、有机玻璃等屏蔽β射线,外面再加高原子序数的材料如铁、铅等减弱和吸收初致辐射。

③ X射线和γ射线的屏蔽:X射线和γ射线都有很强的穿透能力,屏蔽材料的密度越大,屏蔽效果越好。常用的屏蔽材料有水、水泥、铁、铅等。

④ 中子的屏蔽:中子的穿透能力也很强。对于快中子,可用含氢多的水和石蜡作减速剂;对于热中子,常用镉、锂和硼作吸收剂。屏蔽层的厚度要随着中子通量和能量的增加而增加。

上述屏蔽方法只是针对单一射线的防护。在放射源不只放出一种射线时必须综合考虑。但对于外照射,按γ射线和中子设计的屏蔽层用于防护α和β射线是足够的了。而对于内照射防护,α射线和β射线就成了主要防护对象。

6.3.1.2　内照射防护

工作场所或环境中的放射性物质一旦进入人体,它就会长期沉积在某些组织或器官中,既难以探测或准确监测,又难以排出体外,从而造成终生伤害。因此,必须严格防止内照射的发生,如制定各种必要的规章制度;工作场所通风换气;在放射性工作场所严禁吸烟、吃东西和饮水;在操作放射性物质时要戴上个人防护用具;加强放射性物质的管理;严密监视放射性物质的污染情况,发现情况尽早采取去污措施,防止污染范围扩大;布局设计要合理,防止交叉污染等。

6.3.2　放射性废物的治理

6.3.2.1　放射性废物的特征

① 放射性废物中含有的放射性物质,一般采用物理、化学和生物方法不能使其含量减少,只能利用自然衰变的方法使它们消失掉。因此,放射性"三废"的处理方法是稀释分散、减容储存和回收利用。

② 放射性废物中的放射性物质不但会对人体产生内、外照射的危害,同时放射性的热效应使废物温度升高。所以处理放射性废物必须采取复杂的屏蔽和封闭措施,并应采取远距离操作及通风冷却措施。

③ 某些放射性核素的毒性比非放射性核素大许多倍,因此放射性废物处理

比非放射性废物处理要严格困难得多。

④ 废物中放射性核素含量非常小，一般都处在高度稀释状态，因此要采取极其复杂的处理手段进行多次处理才能达到要求。

⑤ 放射性和非放射性有害废物同时兼容，所以在处理放射性废物的同时必须兼顾非放射性废物的处理。

对于具体的放射性废物，则要涉及净化系数、减容比等指标。

6.3.2.2 放射性废物的分类

根据我国《放射性废物管理规定》(GB 14500—2002)，把含有放射性核素或被放射性核素污染的，其放射性核素浓度或放射性活度水平大于国家规定的豁免值，且不进一步利用的任何物质统称为放射性废物。从处理和处置的角度，按比活度和半衰期将放射性废物分为高放长寿命、中放长寿命、低放长寿命、中放短寿命和低放短寿命五类。寿命长短的区分按半衰期 30 年为限。

6.3.2.3 放射性污染的治理原则

放射性废物种类繁多，并且污染物的形态、半衰期、射线、能量、毒性等方面有很大的差异，这就增加了放射性污染治理的难度。所以对放射性污染不能仅仅依靠治理，更应强调减少放射性废物的产生量，把废物消灭在生产工艺中。

高放废物在处置前要储存一段时间，以便废物产生的热降到易于控制的水平。高放废液的主要来源是乏燃料后处理过程中产生的酸性废液，含有半衰期长、毒性大的放射性核素，需经历很长时间才能衰变至无害水平，如锶-90、铯-137 需要几百年。要在如此长的时间内确保高放废液同生物圈隔绝是十分困难的。

将高放废液储存在地下钢罐中只能作为暂时措施，必须将废液转化为固体后包装储存。例如目前比较成熟的固化方法是将高放废液与化学添加物一起烧结成玻璃固化体，然后长期储存于合适的设施中。迄今考虑过的高放废物的处置方案有许多种，如地质处置、太空处置、深海海床下的处置、岩熔处置（置于地下深孔，利用废物自热使之与周围岩石熔化成一体）、核"焚烧"（置于反应堆中子流中使长寿命核素变成短寿命的）等方式。

当今公认为比较现实并正在一些发达国家中实行或准备实行的多为地质处置方案，是将高放废物深藏在一个专门建造的，或由现成矿山改建的经过周密选址和水文地质调查的洞穴中或者一个由地表钻下去的深洞中，并建成一处置库。矿山式库通常建在 300～1 500 m 深处，而深部钻孔原则上建在几千米深处。处置库的设施通常有地面封装和控制建筑物、地下运输竖井或隧道、通风道、地下储存室等。库的结构包括天然屏障和工程屏障，以防止或控制废物中的放射性核素泄漏出来向生物圈迁移。

低放废物是放射性废物中体积最大的一类,占总体积的 95%,其活度仅占总活度的0.05%。适用于低放废物的处置方式有浅地层处置、岩洞处置、深地层处置等。浅地层通常指地表面以下几十米处,我国规定为 50 m 以内的地层。浅地层可用在没有回取意图的情况下处置低、中水平的短寿命放射性废物,但其中、长寿命核素的数量必须严格控制,使得经过一定时期(如几百到一千年)之后,场地可以向公众开放。

国际原子能机构(IAEA)制定了一些安全准则,即放射性废物管理原则,主要的管理原则如下:

① 为了保护人类健康,对废物的管理应保证放射性低于可接受的水平。

② 为了保护环境,对废物的管理应保证放射性低于可接受的水平。

③ 对废物的管理要考虑到境外居民的健康和环境。

④ 对后代健康预计到的影响不应大于现在可接受的水平。

⑤ 不应将不合理的负担加给后代。

⑥ 国家制定适当的法律,使各有关部门和单位分担责任和提供管理职能。

⑦ 控制放射性废物的产生量。

⑧ 产生和管理放射性废物的所有阶段中的相互依存关系应得到适当的考虑。

⑨ 管理放射性废物的设施在使用寿命期中的安全要有保证。

目前主要依据废物的形态,即废水、废气、固体废物,分别进行放射性污染的治理。放射性废物处理系统全流程包括废物的收集,废液、废气的净化、浓集,固体废物的减容、储存、固化、包装及运输处置等。放射性废物的处置是废物处理的最后工序,所有的处理过程均应为废物的处置创造条件。

(1) 放射性废液的处理

放射性废液的处理非常重要。现在已经发展起来很多有效的废液处理技术,如化学处理、离子交换、吸附法、膜分离法、生物处理、蒸发浓缩等。根据放射性比活度的高低、废水量的大小、水质及不同的处置方式,可选择上述一种或几种方法联合使用,达到理想的处理效果。

放射性废液处理应遵循以下原则:处理目标应技术可行,经济合理和法规许可,废液应在产生场地就地分类收集,处理方法应与处理方案相适应,尽可能实现闭路循环,尽量减少向环境排放放射性物质,在处理运行和设备维修期间应使工作人员受到的照射降低到"可合理达到的最低水平"。

① 放射性废液的收集

放射性废液在处理或排放前,必须具备废液收集系统。废液的收集要根据废液的来源、数量、特征及类属设计废液收集系统。对强放射废液(比活度>3.7×

10^9 Bq/L)收集,废液的管道和容器需要专门的设计和建造;中放废液(比活度在 $3.7 \times 10^5 \sim 3.7 \times 10^9$ Bq/L)采用具有屏蔽的管道输入专门的收集容器等待处理;对低放废液(比活度 $< 3.7 \times 10^5$ Bq/L)的收集,系统防护考虑比较简单。值得注意的是,超铀放射性废液因其寿命长、毒性大,则需慎重考虑。

② 高放废液的处理

目前对高放废液处理的技术方案有四种:

一是把现存的和将来产生的全部高放废液全都利用玻璃、水泥、陶瓷或沥青固化起来,进行最终处置而不考虑综合利用。

二是从高放废液中分离出在国民经济中很有用的锕系元素,然后将高放废液固化起来进行处置,提取的锕系元素有 ^{241}Am、^{287}Np、^{238}Pu 等。

三是从高放废液中提取有用的核素,如 ^{90}Sr、^{137}Cs、^{155}Eu、^{147}Pm,其他废液进行固化处理。

四是把所有的放射性核素全部提取出来。对高放废液目前各国都处在研究试验阶段。

③ 中放和低放废液的处理

对中、低放射性水平的废液处理首先应该考虑采取以下三种措施:尽可能多地截留水中的放射性物质,使大体积水得到净化;把放射性废液浓缩,尽量减小需要储存的体积及控制放射性废液的体积;把放射性废液转变成不会弥散的状态或固化块。

目前应用于实践的中、低放射性废液处理方法很多,常用化学沉淀、离子交换、吸附、蒸发的方法进行处理。

适用于中、低放射性废水处理的技术还有膜分离技术、蒸发浓缩技术等方法,根据具体情况和要求选择使用。

(2) 放射性废气的处理

放射性污染物在废气中存在的形态包括放射性气体、放射性气溶胶和放射性粉尘。

① 放射性粉尘的处理

对于产生放射性粉尘工作场所排出的气体,可用干式或湿式除尘器捕集粉尘。常用的干式除尘器有旋风分离器、布袋式过滤除尘器和静电除尘器等。湿式除尘器有喷雾塔、冲击式水浴除尘器、泡沫除尘器和喷射式洗涤器等。例如,生产浓缩铀的气体扩散、工厂产生的放射性气体在经高烟囱排入大气前,先使废气经过旋风分离器、玻璃丝过滤器除掉含铀粉尘,然后排入高烟囱。

② 放射性气溶胶的处理

放射性气溶胶的处理是采用各种高效过滤器捕集气溶胶粒子。为了提高捕集效率,过滤器的填充材料多采用各种高效滤材,如玻璃纤维、石棉、聚氯乙烯纤维、陶瓷纤维和高效滤布等。

③ 放射性气体的处理

由于放射性气体的来源和性质不同,处理方法也不相同。常用的方法是吸附,即选用对某种放射性气体有吸附能力的材料做成吸附塔,经过吸附处理的气体再排入烟囱。吸附材料吸附饱和后,需再生后才可继续用于放射性气体处理。

④ 高烟囱排放

高烟囱排放是借助大气稀释作用处理放射性气体常用的方法,用于处理放射性气体浓度低的场合。烟囱的高度对废气的扩散有很大影响,必须根据实际情况(排放方式、排放量、地形及气象条件)来设计,并选择有利的气象条件排放。

(3) 放射性固体废物的处理和处置

① 核工业废渣

核工业废渣一般指采矿过程的废石渣及铀前处理工艺中的废渣。这种废渣的放射性活度很低且体积庞大,处理的方法是筑坝堆放、用土壤或岩石掩埋、种上植被加以覆盖或者将它们回填到废弃的矿坑。

② 放射性沾染的固体废物

这类固体废物是指被放射性沾污而不能再使用的物品,如工作服、手套、废纸、塑料和报废的设备、仪表、管道、过滤器等。对此应根据放射性活度,将高、中、低及非放射性固体废物分类存放,然后分别处理。对可燃性固体废物采用专用的焚烧炉焚烧减容,其灰烬残渣密封于专用容器,贴上放射性标准符号,并写上放射性含量、种类等。对不可燃的固体废物,经压缩减容后置于专用容器中。

经过处理的固体放射性废物,应采用区域性的浅地层废物埋藏场进行处置。埋藏地点应选择在距水源和居民点较远的地方,且必须经过水文地质、地震因素等考察,按照规定建造。

③ 中、低放射性废液固化块处置。对中、低放射性废液处理后的浓集废液及残渣,可以用水泥、沥青、玻璃、陶瓷及塑料固化方法使其变成固化块。将这些固化块以浅地层埋藏为主,作为半永久或永久性储存。

④ 高放废物的核工业废渣最终处置。高放固体废物主要指的是核电站的乏燃料、后处理厂的高放废液固化块等。这些固体废物的最终处置是将其完全与生物圈隔绝,避免其对人类和自然环境造成危害。然而,它的最终处置是至今尚未解决的重大课题。世界各学术团体和不少学者经过多年研究提出过不少方案,如深地层埋藏、投放到深海或在深海钻井,投放到南极或格陵兰原冰层以下、用火箭运送到宇宙空间等。

(4) 放射性表面污染的去除

表面污染与气溶胶浓度之间的关系可用再悬浮系数 R_0 表示：

$$R_0 = 空气中气溶胶浓度(Bq/m^2)/污染面气溶胶密度(Bq/m^2)$$

放射性表面污染是造成内照射危害的途径之一。空气中放射性气溶胶沉降于物体表面造成表面污染。由于通风和人员走动，可能使这些污染物重新悬浮于空气中，被吸入人体后形成内照射。所以，必须对地面、墙壁、设备及服装表面的放射性污染加以控制。

表面污染的去除一般采用酸碱溶解、络合、离子交换、氧化及吸收等方法。不同污染表面所用的去污剂及使用方法不同。

6.4　放射性因素的利用与环境保护

核能的开发与应用为工农业生产及人类生活带来了重大的影响。历史已经证实，正确地应用核技术不但不会对环境和人类健康产生危害，而且能在诸多方面得到巨大的收益。因而，将核技术运用于环境保护，给子孙后代造福，对当代的环境工作者来说，是具有很大现实意义而且是大有可为的。

6.4.1　辐照技术在水处理方面的应用

辐照技术是利用射线与物质间的作用，电离和激发产生的活化原子与活化分子，使之与物质发生一系列物理、化学与生物化学变化，导致物质的降解、聚合、交联，并发生改性。这样一来，就为采用常规处理方法难以去除的某些污染物提供了新的净化途径。

在放射线的照射下，水分子会生成一系列具有很强活性的产物，如 $OH \cdot$、$H \cdot$、H_2O_2 等。这些产物与废(污)水中的有机物发生反应，可以使它们分解或改性。利用这种方法可明显消除城市污水中的 TOC(总有机碳)、BOD(生物化学需氧量)、COD(化学需氧量)，并杀灭污水中的病原体。用辐照法照射偶氮染料和蒽醌染料废水，可完全脱色，TOC 去除率可达到 $80\% \sim 90\%$，COD 去除率可达到 $65\% \sim 80\%$。又如在充氧条件下用 γ 射线辐照木质素废水，木质素废水很容易被降解。

据研究报道，辐照技术也可有效地处理废水中的洗涤剂、有机汞农药、增塑剂、亚硝胺类、氯酚类等有害有机物质。将辐照技术与普通废水处理技术联用，具有协同效应，可提高处理效果。如在与活性炭法联用时，在炭吸附了有机物后，借助 γ 射线辐照，可使活性炭再生，对其连续使用十分有利。自 20 世纪 80 年代后期开始，我国还开展了进一步的研究工作，如对饮用水的辐射消毒，有机染料废水、焦化厂废水的辐射处理等,都取得了良好效果。

6.4.2　利用低放射性处理粪便上清液技术

城市粪便是居民在日常生活中产生的大量生活废弃物,粪便经沉淀后上层液体叫粪便上清液,其 COD 值高达 10^5 mg/kg 以上,并含有大量致病菌,如果处理不当就会污染水源、传播疾病、危害人民健康,因此粪便及其上清液处理已成为现代城市建设不可缺少的重要组成部分。通过利用低放射性处理粪便上清液试验,得出如下结论:① 无论高浓度还是低浓度污水,放射性有去除有机物的作用,但对高浓度的污水去除效果明显,COD 去除率达 50% 以上,对低浓度污水不明显;② 放射性有杀菌作用;③ 温度对去除率有影响,温度低去除率就低,温度高去除率就高;④ 放射性强度越大,去除效果越好;⑤ 动态去除率要比静态高 20% 左右,而且在短时间内就能达到 50%。实验表明,利用低放射性处理粪便上清液技术使上清液 COD 大幅度降低,再经后处理达标排放,从而探索出一条既经济又实用的粪便上清液处理新技术。

6.4.3　固体废物处理和利用

6.4.3.1　磷酸盐的利用

小型磷酸盐生产企业排放的废渣主要是磷矿渣和部分煤渣。煤渣实际堆放量很少,废渣的主体是磷矿渣。而磷矿渣 ^{226}Ra 比活度较高,利用时有带来放射性污染的风险。磷矿渣用于生产农业用硅肥投资较少,不需其他原料,不会带来放射性污染,如得到市场认可,效益将比较高。生产磷渣硅酸盐水泥投资规模大,磷矿渣利用率低,产品一般不会存在放射性污染问题,有广阔的市场前景。生产废渣砖投资不大,磷矿渣利用率高,可综合解决煤渣排放,市场面广,收效快,但有一定放射性污染风险。总之,磷矿渣利用有多种途径可供选择,均可达到消除污染、综合发展的目的,并有一定的经济效益。

6.4.3.2　γ 射线辐照处理固体废物

在固体废物的处理、处置中,废塑料由于其难降解性,对它的处理、处置始终是一个棘手的问题,如聚四氟乙烯的处理问题。

日本也曾利用了射线辐照与加热联用方法,再加以机械破碎,得到分子量不同的聚四氟乙烯蜡状粉末,可作为优良的润滑剂和添加剂。氯化聚乙烯在使用时会放出百倍的氯乙烯,因而被某些国家禁止使用。但它在经一定剂量射线照射后,即不再产生氯乙烯蜡状粉末,可作为优良的润滑剂和添加剂。日本也曾用辐照法处理木屑、废纸、稻草等,通过糖化与发酵而得到酒精;美国则采用对这类纤维素用加酸后辐照处理的方法得到葡萄糖,其回收率高达 56%。另外,辐照处理腐败的食物后可作为动物的饲料。

6.4.4　电子束处理废气

大气中的 SO_2 与 NO_2 是主要的污染物,用通常的方法,如以石灰喷雾法脱硫,用酸、碱吸收或催化还原法去除 NO_2 等,绝大多数遇到成本过高或装置复杂的困难。

应用电子束照射的方法,则不仅能降低运行难度和费用,而且由于在干燥条件下使用,不产生二次废水。日本原子能研究所曾用两台电子加速器作为照射源,在 80 ℃下加氨照射,辅以静电除尘去除生成的硫酸钾与硝酸钾,可同时去除 SO_2 与 NO_2。

6.4.5　放射性束在固体物理和材料科学中的应用

核物理实验技术的进步总是对固体物理和材料科学的发展起着重要的推动作用。设计用于核物理实验的重离子加速器装置已成功地用于凝聚态物质的辐照研究工作,由此揭示出诸如潜径迹、各向异性生长等现象。

放射性核素在固体物理和材料科学中的应用始于 20 世纪 20 年代末期,当时人们第一次用放射性示踪方法研究了原子在固体材料中的扩散。放射性核素在固体物理研究中真正富有成果的应用则是在 60 年代以后,即在核素分离器建成和各种超精细相互作用技术(如扰动角关联、穆斯堡尔谱学等)相继用于固体物理研究之后。由于超精细相互作用技术能够在原子水平上给出有关缺陷和杂质原子以及它们之间相互作用的信息,因而逐渐发展成为这一领域常用的实验手段。使用放射性核素开展的典型工作有扩散实验、用超精细相互作用技术研究材料的微观结构、辐射沟道测量以及通过核素演变进行材料掺杂等,此外还有利用它进行深能级瞬变谱的测量、电容电压测量以及光致荧光分析等工作。长期的实践证明,放射性核素的应用极大地促进了固体物理和材料科学的研究工作。

6.4.6　放射性同位素及其应用

把放射性同位素的原子掺到其他物质中去,让它们一起运动、迁移,再用放射线探测仪器进行追踪,就可以知道放射线原子的运动路径、现状和趋势,从而可以了解某些不易查明的情况或规律。人们把用于这种用途的放射性同位素的原子称为示踪原子,它的核物理特性比较容易探测。20 世纪 30 年代以来,随着重氢同位素和人工放射性核素的发现,同位素示踪技术在各个领域也获得了日益广泛的应用。

在工业生产中,示踪原子为使用高效能的检验方法及生产过程自动控制的方法提供了可能性,解决了不少技术和理论上的难题。

在任何地质体中,都存在一定的放射性核素铀、镭等,并且有着明显的差异。这些核素各自按照它们的衰变规律进行放射性衰变,并释放出具有特征的 α、β、γ 射线,为用核探测仪器(或技术)检测其特征放射性提供了依据。在放射性测量中,用于找矿勘查的技术方法主要是测量氡及其子体。

近年来,放射性示踪沙获得较为广泛应用,我国利用放射性示踪沙定量观测长江口北槽航道抛泥区底沙运动,法国和德国用人造放射性示踪沙探测泥沙输移规律。

油气勘查中的放射性测量,是一种油气勘查新方法,它是利用油田上出现的负异常(或叫偏低场)反映了油气田的基本轮廓原理进行的。

6.4.7　核能发电

6.4.7.1　核裂变发电

由于人类大量开采和使用,矿物能源不仅造成各种污染和"温室效应",而且在 200 年左右,石油、煤和天然气资源都有枯竭之虑。由于受到一定条件限制,只有核能可担起可持续发展能源"主角"的重任。目前的核电站是利用核裂变而发电的。核电站是一种清洁能源,对环境造成的污染最少,核电站已占世界总发电量的 16%,少数国家核电站已占本国总发电量的 50%~60%,还有不少国家正在投建核电站。

核电要唱好"主角",先要解决自身的弱点。自 1957 年世界第一座核电厂开始运行,一直沿用的是"热中子反应堆"模式,即核燃料一次性使用,效率不高,如还继续这样使用,则全世界的核燃料铀资源将在数十年内被消耗一空。

6.4.7.2　核聚变发电

核能虽然能产生巨大的能量,但远远比不上核聚变,每 1 g 氢同位素在核聚变中能够释放出 9 万 kW·h 的能量,这相当于 10 t 煤炭所产生的能量。核聚变为人类摆脱能源危机展现了美好的前景。

核聚变反应燃料是氢的同位素氘、氚及惰性气体氦、氪,海水中有大量的氘,地球上的锂生产的氚能够为人类利用数千年。核聚变对于人类是充足而无污染的核能,世界上不少国家都在积极研究受控热核反应的理论和技术,并已经取得了可喜的进展。我国自行设计和研制的受控核聚变实验装置"中国环流器一号",已在四川省乐山地区建成,并于 1984 年 9 月顺利启动。世界上第一个非圆截面全超导托卡马克,位于安徽省合肥市科学岛,由中国科学院等离子体所自主设计、研制并拥有完全知识产权的磁约束核聚变实验装置——东方超环

(EAST),于 2021 年 12 月 30 日实现了电子温度近 7 000 万℃的长脉冲高参数等离子体稳态运行 1 056 s,创下了目前世界上托卡马克装置实现的最长时间高温等离子体运行纪录。东方超环装置运行 10 多年来,先后实现了 1 MA、1.6 亿 kW·h、1 056 s 的等离子体运行,通过开放共享的建制化管理模式,全面实现了 EAST 设计参数指标,在稳态等离子体运行的工程和物理上继续保持国际引领。

目前世界上规模最大、影响最深远的国际科研合作项目之一,位于法国南部的"国际热核聚变实验堆(ITER)计划",集成当今国际上受控磁约束核聚变的主要科学和技术成果,将首次建造可实现大规模聚变反应的聚变实验堆,将研究解决大量技术难题,是人类受控核聚变研究走向实用的关键一步,备受各国政府与科技界的高度重视和支持。承担 ITER 计划的七个成员是欧盟、中国、韩国、俄罗斯、日本、印度和美国,七方于 2006 年正式签署联合实施协定,启动实施 ITER 项目,计划将历时 35 年,其中建造阶段 10 年、运行和开发利用阶段 20 年、去活化阶段 5 年,预计可在 21 世纪中叶实现聚变能商业化。

中国自主设计和研制并联合国际合作的重大科学工程——中国聚变工程实验堆(CFETR),计划分三步走:第一阶段到 2021 年,CFETR 开始立项建设;第二阶段到 2035 年,计划建成聚变工程实验堆,开始大规模科学实验;第三阶段到 2050 年,聚变工程实验堆实验成功,建设聚变商业示范堆,完成人类终极能源。中国聚变工程实验堆(CFETR)的实施,将推动中国走向世界核聚变领域的中心,并成为代表中国参与全球科技竞争与合作的重要力量,使中国跨入世界聚变能研究开发先进行列,对解决能源危机问题具有重要意义。

6.4.8　核技术在医学上的应用

以往要了解有无病变,通常采取穿刺法,而这种方法既有盲目性,又具有一定危险性。核技术在医学领域的应用形成了医学领域的新学科——核医学。

人体的各种脏器或组织,对不同的化合物具有选择性吸收的特点,把这种化合物接上放射性同位素后,给病人口服或注射一定的量,经过一定的时间后,这些物质便会聚集在需要检查的脏器内。随后用扫描仪在体外追踪探测,将探测到的放射性的强弱程度通过打印机直接描绘成扫描图。然后再根据图形所显示的脏器形态、大小、位置以及放射性物质的分布情况,结合临床症状,便可诊断出脏器有无病变。

目前用的放射性同位素大都是低能量、短寿命的同位素,一般用后短时间内即衰减,或排出体外,因而对身体无害。

放射性同位素还可以用来检测体液(血液、唾液、尿液等)内的各种微量物质,如"放射免疫分析法"可测至纳克(10^{-9})、皮克(10^{-12}),具有用量少、选择性强、灵敏度高、精确度高等特点。

钴-60 是放射治疗癌症应用最广的一种同位素,借助于它放出的 γ 射线深入体内,照射到癌组织上。一般癌组织对射线的敏感性较正常的组织高,所以射线对癌细胞的抑制作用比对正常的组织大,可使癌细胞受到抑制或死亡,从而达到治疗的目的。

核医学最常用的两种放射核素是锝-99 及碘-131。约 80% 的核医学放射药物是标记锝-99 的化合物,标记碘-123 及碘-131 的化合物约占核医学放射药物的 15%,其他放射核种大约只占 5%。锝-99 的 γ 射线特性很适合造影,它的半衰期是 6 h,所以病人不会接受过多的辐射,它放射出的 140 keV 的光子也很适宜造影。

核医药物在诊断用途方面,因为用量极少,病患所受的辐射量小,均在可接受范围内,不会产生任何伤害。治疗用核医药物,必须有足够的辐射量杀死癌细胞,所以病患所受的肿瘤局部辐射量较大,但全身辐射剂量不会太高。

6.4.9　其他应用

6.4.9.1　核农学的应用

核农学已成为我国改造、革新传统农业和促进农业现代化的重要技术。我国核农业利用核辐射诱变技术,已在 40 余种植物上选育和推广应用优质突变新品种 513 个,居世界各国之首。年种植面积保持在 900 万 hm² 以上,约占我国各类作物年种植面积的 10%,每年为国家增加粮、棉、油 30 亿～40 亿 kg,经济效益近 60 亿元。核辐射的应用使我国获得了大量有价值的早熟、矮秆、抗病、抗逆、优质及其他特异突变材料,为传统育种方法提供了遗传资源。核农学应用的另一个重要方面即同位素示踪技术,在农业环境保护、土壤改良、合理施肥与灌溉、动植物营养代谢、放射免疫、畜禽的生殖生理和疾病防治、昆虫辐射不育、农产品保藏加工、低剂量刺激作物增产等方面也都取得了较大进展。

应用辐射诱变原理可培育花卉新品种。对观赏花卉的种子和根茎进行辐照,有 6 种观赏花卉已育出 50 个名贵新品种。

在梅雨季节和夏天,大米容易生虫和霉变,这是大家很头痛的事,经过用射线照射过的粮食,如大米,只要是密封包装,在常温下可保持三年不生虫。

洋葱、土豆和大葱,储藏或存放一定时间后,它们就会发芽,从而影响营养和食用价值。对于这类根茎类作物,在它们休眠期用射线进行辐照处理后,在 200 多天内能够有效地抑制发芽。

辐照可以加速酒的陈化。好酒都要经过长时间储存,促使酒的陈化,随着人们生活水平的提高,好酒的需求量不断增加,而经过辐照的酒,在较短的时间里存放,可以达到相当于三年陈化的质量。

6.4.9.2　辐射消毒灭菌

通常的灭菌方法是采用高温或化学药物。辐射灭菌则可以在常温下进行,而且不添加任何化学药物。细菌经过射线照射后,由于电离作用和激发作用所引起的生物效应使细菌失去活动能力,直至死亡。这一方法可用于医疗器械消毒灭菌和食品的保鲜。

第7章　热污染与可持续发展

适宜于人类生产、生活及生命活动的温度范围相对而言是较窄的,人类主要依靠衣物及良好的居室环境来获得生存所需要的热环境,否则人类的生命将会受到威胁。所谓热环境,就是指提供给人类生产、生活及生命活动的良好的生存空间的温度环境。太阳能量辐射创造了人类生存空间的大的热环境,而各种能源提供的能量则对人类生存的小的热环境做进一步的调整,使之更适宜于人类的生存。同时人类的各种活动也在不断地改变着人类生存的热环境。热污染是指现代工业生产和生活中排放的废热所造成的环境污染。热污染可以污染大气和水体。火力发电厂、核电站和钢铁厂的冷却系统排出的热水,以及石油、化工、造纸等工厂排出的生产性废水中均含有大量废热。这些废热排入地面水体之后,能使水温升高。在工业发达的美国,每天所排放的冷却用水达 4.5 亿 m³,接近全国用水量的 1/3;废热水含热量约 2 500 亿 kcal,足够 2.5 亿 m³ 的水温度升高 10 ℃。

7.1　热环境

7.1.1　人类生存热环境的热量来源

地球是人类生产、生活及生命活动的主要空间,太阳是其天然热源,并以电磁波的方式不断向地球辐射能量。

自然环境的温度变化较大,而满足人体舒适要求的温度范围又相对较窄,不适宜的热环境会影响人的工作效率、身体健康以至生命安全。舒适的热环境有利于人的身心健康,从而可以提高工作效率。为了维系人类生存较为适宜的温度范围,创造良好的热环境,除太阳辐射的能量外,人类还需要各种能源产生的能量。可以说人类的各种生产、生活和生命活动都是在人类创造的热环境中进行的。

7.1.1.1　高温环境

人类生产、生活和生命活动所需要的适宜的环境温度相对较窄,而超过中性点(25～29 ℃)的温度环境都可以称之为高温环境。但是只有环境温度超过29 ℃ 以上时,才会对人体的生理机能产生影响,降低人的工作效率。

（1）高温环境热量来源

① 各种燃料燃烧过程中产生的燃烧热,以热的三种传导方式与环境进行热交换,改变热环境。如锅炉、冶炼工厂、窑厂等的燃料燃烧。

② 各种大功率的电器及机械装置在运转过程中,以副作用的形式向环境中释放热能。如电动机、发动机、各种电器装置等。

③ 放热的化学反应过程。如化工厂的化学反应炉和核反应堆中的化学反应,太阳本身巨大的能量来源——氢核聚变就是化学反应过程。

④ 夏季和热带、沙漠地区强烈的太阳辐射。

⑤ 各种军事活动中爆炸物产生的巨大的能量。

⑥ 密集人群释放的辐射能量。一个成年人体对外辐射的能量相当于一个146 W 发热器所散发的能量。如在密闭的潜水舱内,由于人体辐射和烹饪等所产生的能量的积累可以使舱内的温度达到50 ℃的高温。

（2）高温环境对人体的危害

① 高温灼伤:当皮肤温度高达 41～44 ℃时,人就会有灼痛感。如果温度继续升高,就会伤害皮肤基础组织。

② 高温反应:如果长时间在高温环境中停留,由于热传导的作用,体温会逐渐升高。当体温高达 38 ℃以上时,人就会产生高温不适反应。人的深部体温是以肛温为代表的,人体可耐受的肛温为 38.4～38.6 ℃,体力劳动时此值为 38.5～38.8 ℃。高温极端不适反应的肛温临界值为 39.1～39.5 ℃。当高温环境温度超过这一限值时,汗液和皮肤表面的热蒸发就都不足以满足人体和周围环境之间热交换的需要,从而不能将体内热量及时释放到环境中去,人体对高温的适应能力达到极限,将会产生高温生理反应现象。体内温度超过正常值(37 ℃)2 ℃时,人体的机能就开始丧失。体温升高到 43 ℃以上,只需要几分钟的时间,就会导致人的死亡。高温生理反应的主要表现症状为:头晕、头疼、胸闷、心悸、视觉障碍(眼花)、恶心、呕吐、癫痫抽搐等。

（3）高温热环境的防护

为防止高温热环境对人体的局部灼伤,一般采用由隔热耐火材料制成的防护手套、头盔和鞋袜等防护物。对于全身性高温环境,其防护措施为采用全身性降温的防护服。研究表明,头部和脊柱的高温冷却防护对于提高人体的高温耐力具有重要的价值和意义。其次,全身冷水浴和大量饮水也可以对抗高温。另外,有意识经常性地在高温环境中锻炼,人体就会产生"高温习服"现象,从而更加耐受高温环境。高温习服的上限温度为 49 ℃。随着科技水平的不断发展,高温环境中的工作将会逐渐由机械(如机器人)完成,在必须有人类参与的高温环境中,普遍采用环境调节装置调节环境温度,以更适宜于人类的生产、生活和生命活动。

7.1.1.2　低温环境

低温环境是指温度显著低于人体舒适程度的环境。一般取(21±3)℃为人体舒适的温度范围,因此低于18 ℃的温度即可视作低温。对人的工作效率有不利影响的低温,通常低于10 ℃。低温环境除了冬季低温外,主要见于高山、极地和水下等自然环境。

(1) 低温对人体的影响

低温对人体的影响主要表现在两个方面:

① 冻伤。冻伤是低温环境对人体的主要伤害形式之一。冻伤的产生与在低温环境中暴露的时间有关,温度越低形成冻伤所需时间越短。如温度为5～8 ℃时,需几天;而在－73 ℃时,只需12 s。冻伤可分为三度:一度为红斑,可以修复;二度为水疱,经治疗可以修复;三度为坏疽,难以复原。人体易于发生冻伤的是手、足、鼻尖、耳郭等部位。在－20 ℃以下的环境里,皮肤与金属接触时,会与金属粘贴,叫作冷金属粘皮,这是一种特殊的冻伤。有氧化膜的铝和铁最易造成粘皮现象,表面光亮的金属铜和银,表面粗糙或有冰雪、尘土覆盖的金属,则不易发生这种现象。

② 全身性生理效应。在－1～6 ℃时,人体的体温调节系统可使人体深部体温保持稳定,但在低温环境中暴露时间较长时,深部体温便会逐步降低,出现一系列的低温生理反应。首先是呼吸和心率加快、颤抖等现象,接着出现头痛等不适反应。深度体温降至34 ℃以下时,症状即达到严重的程度,会产生健忘、口吃和定向障碍;降至34 ℃以下时,全身剧痛,意识模糊;降至27 ℃以下时,随即运动丧失,瞳孔反射、深部腱反射和皮肤反射全部消失,人濒临死亡。

(2) 低温的防护方法

低温的防护方法主要有以下四个方面:

① 加温。利用加温装置使环境温度保持在舒适的范围。

② 隔热。穿衣服是人体隔热保温的一种措施。人在21 ℃气温环境中,保持舒适所需的衣服,称为1隔热单位;在12 ℃,约需2隔热单位;3.5 ℃,需3隔热单位;－6.5 ℃需8隔热单位;－12 ℃需11隔热单位。2.5 cm厚的衣服大约为3隔热单位。衣服过厚无实际使用价值,必须通过隔热与加温联合措施,即通水、通气或通电加温服。

③ 体力活动。剧烈的体力活动可使人体产生高达1 400 kcal/h的热量,比平常人体代谢率提高20倍左右。在－20 ℃以下的环境中如果除了厚衣服以

外,再没有其他防寒条件,体力活动便成为一种必要的防寒措施。

④ 习服。通过长期在低温环境中锻炼而使人对低温的适应性增强,称为低温习服,但这种习服是有限度的。

7.1.2　温室效应

气候和地球上各种自然现象一样是不断变化的。人类出现以前的气候变化是自然因素造成的。人类出现以后的气候变化既有自然因素的影响,又有人为因素的影响。20 世纪 70 年代,科学家把"全球变暖"作为一个全球问题提了出来,主要强调人类进入工业社会以来,由于矿物燃料的大量燃烧以及大量砍伐森林等人类活动,造成 CO_2 等温室气体增加、温室效应增强,从而气候变暖。2000 年 11 月 13—24 日,《联合国气候变化框架公约》第六次缔约方大会在荷兰海牙举行,近万名代表参加了会议。会上气候学家向聚会海牙的世界各国政要、科学家、企业家和环保主义者发出警告:在未来 100 年内,全球气温将升高 1.4～5.8 ℃,海平面将升高 9～88 cm,沙漠将更干燥,气候将更恶劣,厄尔尼诺现象将更严重,全球变暖将直接或间接影响数以亿计人们的生活。最新数据表明,地球气候仍然没有停止恶化的步伐,并且情况越来越严重。导致地球气候恶化的罪魁祸首——温室气体含量仍在不断升高,并再一次创造了新的纪录。2020 年,CO_2 浓度达到了 413.2 ppm(用溶质质量占全部溶液质量的百万分比来表示的浓度,也称百万分比浓度),比此前上升了 2.5 ppm,是 1750 年工业化前水平的 149%。2021 年,美国国家海洋和大气管理局(NOAA)的一项数据指出 CO_2 浓度在 2021 年 5 月甚至一度达到了 419.13 ppm,刷新了地球在最近 400 万年内的新纪录。即便受到新型冠状病毒的影响,很多国家都下达了封锁令,但是 2020 年的温室气体水平增长率甚至还高于 2011—2020 年这 10 年的平均水平。也就是说,地球仍然在升温。

我国近代气候的变化与全球变暖的趋势大体一致。年平均气候变暖 1～2 ℃ 甚至更高,看上去相差不大,但与过去的气候相比变化确实很大了。如果到下世纪中期平均气温上升 2 ℃,我国可能将再次出现类似 3 000 年前曾经出现过的温暖气候情景。

全球气候变化将给人类带来一系列复杂的社会问题和严重后果。在防止全球气候变暖的行动中是否采取积极态度,很大程度上取决于人们对气候变暖带给人类影响严重性的认识。下面我们就简要介绍引起全球变暖的主要因素——温室效应。

7.1.2.1　温室效应的定义

大气中的 CO_2 同水蒸气一样能使太阳辐射透过,但是 CO_2 能够吸收从地面辐射的红外线,使得大气升温。吸收了热量的 CO_2 层还能够将其热量再次通过长波辐射到地球表面,从而使得近地层温度升高,并能够在近地层大气中建立与外界不同的小气候。这些气体的影响作用类似于农业上用的温室保温作用,因此称它们为温室气体,它们的影响则被称为温室效应。

7.1.2.2　温室效应原理

农业上用的温室通常是用玻璃盖成的,用来种植花草等植物。当太阳照射在温室的玻璃上时,由于玻璃可以透过太阳的短波辐射,同时室内地表吸热后又以长波的形式向外辐射能量,而玻璃具有较好的吸收长波辐射的能力,因而在温室能够积聚能量,使得温室内温度不断升高。当然由于热传导和热辐射的作用只能达到某一定的温度,而不可能持续升高。

地球大气层的长期辐射平衡状况如图 7-1 所示。太阳总辐射能量($240\ W/m^2$)和返回太空的红外线的释放能量应该相等。其中,约 1/3($103\ W/m^2$)的太阳辐射会被反射,而余下的会被地球表面所吸收。此外,大气层的温室气体和云团吸收及再次释放出红外线辐射,使得地面变暖。

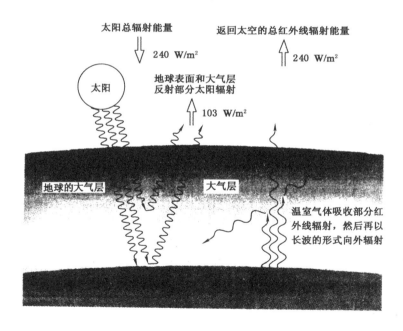

图 7-1　地球大气层热量辐射平衡图

大气温室效应可以这样来定性解释:地表由于吸收短波辐射被加热而升温,再以长波向外辐射。这种长波辐射绝大部分被大气中的水蒸气和 CO_2 吸收而使大气温度升高。大气也以长波辐射向地表和太空辐射,使很大一部分辐射又返回至地表。大部分长波辐射被阻留在地表与大气下层,就使地表和大气下层的温度升高。如果地球没有大气层的保护,在太阳辐射能量的平衡状态下,地球表面的平均温度将在 $-22 \sim 26\ ℃$ 之间,比目前地表的全球平均气温 $15\ ℃$ 低了许多。大气的存在使地表气温上升了约 $33\ ℃$,温室效应是造成此结果的主要原因。大气层中的许多气体几乎不吸收可见光,但对地球放射出去的长波辐射却具有极好的吸收作用。这些气体,允许约 50% 的太阳辐射穿越大气被地表吸收,但却拦截几乎所有地表及大气辐射出去的能量,减少了能量的损失。然后再将能量释放出来,使得地表及对流层温度升高。大气放射出的辐射不但使地表升温,而且在夜晚继续辐射,使地表不致因缺乏太阳辐射而变得太冷。而月球没有大气层,从而无法产生温室效应,导致月球上日夜温差达数十度。其实温室效应不只发生在地球,金星及火星大气的成分主要为二氧化碳,金星大气的温室效应高达 $523\ ℃$,火星则因其大气太薄,其温室效应只有 $10\ ℃$。

7.1.2.3　温室效应的加剧

地球大气的温室效应创造了适宜于生命存在的热环境。如果没有大气层的存在,地球也将是一个寂静的世界。除 CO_2 外,能够产生温室效应的气体还有水蒸气、甲烷、氧化亚氮(N_2O)及臭氧、SO_2、CO 以及非自然过程产生的氟氯碳化物(CFCs)、氢氟化碳(HFCs)、过氟化碳(PFCs)等。每一种温室气体对温室效应的贡献是不同的。HFCs 与 PFCs 吸热能力最大;甲烷的吸热能力超过二氧化碳 21 倍;而氧化亚氮的吸热能力比二氧化碳的吸热能力高 270 倍。然而空气中水蒸气的含量比二氧化碳和其他温室气体的总和还要高出很多,所以大气温室效应的保温效果主要还是由水蒸气产生的。但是有部分波长的红外线是水蒸气所不能吸收的,二氧化碳所吸收的红外线波长则刚好填补了这个空隙波长。

水蒸气在大气中的含量是相对稳定的,而二氧化碳的浓度却不然。自从欧洲工业革命以来,大气中二氧化碳的浓度持续攀升,究其原因主要有:森林大火、火山爆发、发电厂、汽(机)车排出的尾气,而由于化石类矿物燃料的燃烧排放的 CO_2 却占有最大的比例,全球由于此种原因产生的温室气体超过 6 000 万 t/d,这是"温室效应"加剧的主要原因。在欧洲工业革命之前的一千年,大气中二氧化碳的浓度一直维持在约 280 mL/m³(即一百万单位体积的大气气体中含有 280 单位体积的二氧化碳)。工业革命之后,大气中二氧化碳含量迅速增加,1950 年之后增加的速率更快,到 2022 年大气中二氧化碳浓度已达到 350 mL/m³。自人类首次出现于地球上的时间算起,目前的二氧化碳浓度已经同 300 万年前的大气二氧化碳浓度相当。世界各主要地区二氧化碳年人均排放量见表 7-1。随着大气中二氧化碳浓度的不断升高,更多的能量被保存在地球上,加剧了地球升温。

表 7-1　世界各主要地区二氧化碳年人均排放量　　　　　单位:t/a

年份	中国	美国	日本	德国	印度	南非
1995 年	2.56	19.25	9.35	10.69	0.77	6.38
2002 年	2.97	19.45	9.47	10.10	0.90	7.18
2022 年	9.21	15.32	10.49	9.91	1.79	8.10

近年来地球变暖的结果并不只是因为大气中二氧化碳浓度的升高所引起的,其他温室气体的作用也是一个重要因素。在谈到温室效应时,常常会谈及二氧化碳,只是因为这其中二氧化碳的影响性较大而已(它在大气中的浓度是不断上升的)。虽然其他的温室气体在大气中的浓度比二氧化碳要低很多,但它们对红外线的吸收效果要远好于二氧化碳,所以,它们潜在的影响力也是不可低估的。

温室气体在大气中的停留时间(即生命期)都很长。二氧化碳的生命期为50～200 年,甲烷为 12～17 年,氧化亚氮为 120 年,氟氯碳化物(CFC-12)为 102年。这些气体一旦进入大气,几乎无法进行回收,只有依靠自然分解过程让它们逐渐消失。因此温室效应气体的影响是长久且是全球性的。从地球任何一个角落排放至大气中的温室效应气体,在它的生命期中,都有可能到达世界各地,从而对全球气候产生影响。因此,即使现在人类立即停止所有人造温室气体的产生、排放,但从工业革命以来累积下来的温室气体仍将继续发挥它们的温室效应,影响全球气候达百年之久。

7.1.2.4　温室效应理论

(1) 辐射对流平衡理论

由于动力、热力的种种原因,大气一直处在不停地运动中。一方面以二氧化碳为代表的温室气体有一定的增温作用,另一方面大气湍流又有利于热量的传导,从而这两种作用的叠加结果才是对环境的影响。如果不考虑大气湍流的作用,大气中二氧化碳从 150 mL/m³ 增加到 300 mL/m³ 时,全球地面平均气温就应该上升 3.6 ℃;从 300 mL/m³ 增至 600 mL/m³ 时,平均气温应该上升 3.6 ℃;而当叠加上大气湍流的影响结果时,这两种情况下的增温值分别为 2.8 ℃ 和2.4 ℃,所以大气湍流对全球变暖的抑制作用也是不能忽略的,这也是自然系统进行自我调节的一种表现形式。

(2) 冰雪反馈理论

这一理论是由苏联学者俱姆·布特克于 1969 年提出的。冰雪覆盖的地表对太阳辐射的反射能力要比陆地或其他的地表类型大得多。由于温室效应导致的全球变暖,势必会造成一部分冰雪消融,减少地表冰雪的覆盖面积,降低冰雪对太阳辐射的反射作用,从而地球将会获得更多的太阳辐射,加剧大气层的温室效应,结果地表温度会继续升高,从而导致冰雪的进一步大量消融,这是一个大家谁都不愿意看到的大自然正反馈的结果。有人曾经估算过,如果大气中二氧化碳的浓度达到 420 mL/m³ 时,冰雪将会从地球上消失;反之,如果大气中二氧化碳的浓度降低到 150 mL/m³ 时,地球将会完全被冰雪覆盖而变成一个冰雪的世界;如果今后大气中二氧化碳的含量以每年 0.7 mL/m³ 的速率增加的话,到 21 世纪的中叶,地球上冰雪的覆盖面积将会降低一半以上,这将会对人类生存的地球环境产生不可估量的影响。

（3）反射理论

大气中二氧化碳含量的增加,将会增大大气的混浊度,这势必会加强大气对太阳辐射的反射能力,从而减少地表吸收的太阳辐射入射能量。这样大气中二氧化碳含量的增加,不但不会使地表增温,反而会引起其温度下降。这也是许多大气学家的观点。

7.1.2.5　温室效应的后果——全球变暖

由于大气层温室效应的加剧,已导致了严重全球变暖的发生,这已是一个不争的事实。全球变暖已成为目前全球环境研究的一个主要课题。2014 年,联合国政府间气候变化专门委员会发布的第五次评估报告指出:1901—2012 年,全球地表平均温度升高了约 0.89 ℃。2021 年,该委员会发布的第六次报告指出:2011—2020 年,全球地表温度相比工业化前上升了 1.09 ℃,从未来 20 年的平均温度变化预估来看,全球温升预计将达到或超过 1.5 ℃。

（1）冰川消退

根据上面的冰雪反馈理论可知,温室效应导致的气温上升和冰川消退之间是一种正反馈的关系。长期的观测结果表明,由于近百年来海温的升高,海平面已经上升了约 2～6 cm。海洋热容量大,比较不容易增温,陆地的气温上升幅度将会大于海洋,其中又以北半球高纬度地区上升幅度最大,因为北半球陆地面积较大,从而全球变暖对北半球的影响更大。已有的统计资料表明,格陵兰岛的冰雪融化已使全球海平面上升了约 2.5 cm。冰川的存在对维持全球的能量平衡起到至关重要的作用,对于全球液态水量的调节也起到决定性的作用。如果两极的冰川持续消融的话,其所带来的后果对地球上的生命将会是致命的,而且也是难以预知的。

（2）海平面升高

全球变暖的直接后果便是高山冰雪融化、两极冰川消融、海水受热膨胀,从而导致海平面升高,再加上近年来由于某些地区地下水的过量开采造成的地面下沉,人类将会失去更多的立足之地。有关资料表明,自 19 世纪以来,海平面已经上升了 10 cm 以上。2014 年,IPCC(联合国政府间气候变化专门委员会)在其第五次评估报告中曾预测,到 2100 年海平面将上升 28~98 cm,这取决于较低或较高的温室气体排放量导致全球变暖的程度。据预测,依照现在的状况,到 2100 年时海平面可能上升 0.44 m,最严重的情况下可能上升 2 m,这足以将沿海海拔较低的平原地区淹没。

(3)加剧荒漠化程度

全球变暖会加快加大海洋的蒸发速度,同时改变全球各地的雨量分配结果。研究表明,在全球变暖的大环境下,陆地蒸发量将会增大,这样世界上缺水地区的降水和地表径流都会减少,会变得更加缺水,从而给那些地区人们的生产、生活带来极大的用水困难。而雨量较大的热带地区,如东南亚一带降水量会更大,从而加剧洪涝灾害的发生。这些情况都将会直接影响到自然生态系统和农业生产活动。目前,世界土地沙化的速率是每年 6 万 km^2。

(4)危害地球生命系统

全球变暖将会使多种业已灭绝的病毒、细菌死灰复燃,使业已控制的有害微生物和害虫得以大量繁殖,人类自身的免疫系统也将因此而降低,从而对地球生命系统构成极大的威胁。

已有的研究表明,地球演化史上曾多次发生变暖-变冷的气候波动,但都是由人类不可抗拒的自然力引起的,而这一次却是由于人类活动引起的大气温室效应加剧导致的,从而其后果也是不可预知的,但无论如何都会给地球生命系统带来灾难。

7.1.3　热岛效应

7.1.3.1　城市热岛效应现象

如果我们同时测定一个城市距地一定高度位置处的温度数据,然后绘制在城市地图上,就可以得到一个城市近地面等温线图。从图上可以看出,在建筑物最为密集的市中心区,闭合等温线温度最高,然后逐渐向外降低,郊区温度最低,这就像凸出海面的岛屿,高温的城市处于低温郊区的包围之中,这种现象被形象地称为城市热岛效应。

据气象观测资料表明,城市气候与郊区气候相比有"热岛""混浊岛""干岛""湿岛""雨岛"等五岛效应,其中最为显著的就是由于城市建设而形成的热岛效应。城市热岛效应早在 18 世纪初首先在伦敦被发现。国内外许多学者的研究业已表明:城市热岛强度是夜间大于白天,日落以后城郊温差迅速增大,日出以后又明显减小。表 7-2 所列为世界主要城市与郊区的年平均温差。

表 7-2　世界主要城市与郊区的年平均温差

城市	温差/℃
纽约	1.1
柏林	1.0
巴黎	0.7
莫斯科	0.7

　　中国观测到的热岛效应最为严重的城市是上海和北京;世界最大的城市热岛是加拿大的温哥华与德国的柏林。城市热岛效应导致城区温度高出郊区农村 0.5～1.5 ℃(年平均值)左右。夏季,城市局部地区的气温有时甚至比郊区高出 6 ℃以上。如上海市,每年气温在 35 ℃以上的高温天数都要比郊区多出 5～10 天以上。这当然与城区的地理位置、城市规模、气象条件、人口稠密程度和工业发展与集中的程度等因素有关,见表 7-3。2022 年,全球范围内遭遇了极端高温天气。2022 年 8 月,根据中国气象局国家气候中心的监测评估,综合考虑高温热浪事件的平均强度、影响范围和持续时间,从当年 6 月 13 日开始的区域性高温事件综合强度已达到 1961 年有完整气象观测记录以来最强,江苏、浙江、上海、重庆等城市都出现了 40 ℃以上的高温天气。伊拉克、印度、伊朗、苏丹、索马里、尼日尔、马里、澳大利亚等多个国家和城市,夏季最高气温高达 50 ℃以上。

表 7-3　中国主要城市热岛强度与城市规模、人口密度关系

城市	气候区域	城市面积/km²	城市人口/万人	人口密度/(人/km²)	温差/℃
北京	中温带亚湿润气候区	87.8	239.4	27 254.0	2.0
沈阳	中温带亚湿润气候区	164.0	240.8	14 680.0	1.5
西安	中温带亚湿润气候区	81.0	130.0	16 000.0	1.5
兰州	中温带亚干旱气候区	164.0	89.6	5 463.0	1.0

7.1.3.2　城市热岛效应的成因

　　城市热岛效应是人类在城市化进程中无意识地对局地气候所产生的影响,是人类活动对城市区域气候影响中最为典型的特征之一,是在人口高度密集、工业集中的城市区域,由人类活动排放的大量热量与其他自然条件因素综合作用的结果。随着城市建设的高度发展,热岛效应也变得越来越明显。究其原因,主

要有以下五个方面：

（1）城市下垫面（大气底部与地表的接触面）特性的影响

城市内大量的人工构筑物如混凝土、柏油地面、各种建筑墙面等，改变了下垫面的热属性，这些人工构筑物吸热快、传热快，而热容量小，在相同的太阳辐射条件下，它们比自然下垫面（绿地、水面等）升温快，因而其表面的温度明显高于自然下垫面。白天，在太阳的辐射下，构筑物表面很快升温，受热构筑物面把高温迅速传给大气；日落后，受热的构筑物仍缓慢向市区空气中辐射热量，使得近地气温升高。比如夏天，草坪温度 32 ℃，树冠温度 30 ℃ 的时候，水泥地面的温度可以高达 57 ℃，柏油马路的温度更是高达 63 ℃，这些高温构筑物形成巨大的热源，烘烤着周围的大气和我们的生活环境。

（2）人工热源的影响

工业生产、居民生活制冷、采暖等固定热源，交通运输、人群等流动热源不断向外释放废热。城市能耗越大，热岛效应越强。美国纽约市 2001 年生产的能量约为接收太阳能量的 1/5。

（3）日益加剧的城市大气污染的影响

城市中的机动车辆、工业生产以及大量的人群活动产生的大量的氮氧化物、二氧化碳、粉尘等物质改变了城市上空大气的组成，使其吸收太阳辐射和地球长波辐射的能力得到了增强，加剧了大气的温室效应，引起地表的进一步升温。

（4）高耸入云的建筑物造成近地表风速小且通风不良

城市的平均风速比郊区小 25％，城郊之间热量交换弱，城市白天蓄热多，夜晚散热慢，加剧城市热岛效应。

（5）自然下垫面的减少和构筑物的增加

城市中绿地、林木、水体等自然下垫面的大量较少，加上城市的建筑、广场、道路等构筑物的大量增加，导致城区下垫面不透水面积增大，雨水能很快从排水管道流失，可供蒸发的水分远比郊区农田绿地少，消耗于蒸发的潜热亦少，其所获得的太阳能主要用于下垫面增温，从而极大地削弱了缓解城市热岛效应的能力。

7.1.3.3　城市热岛效应带来的影响

① 城市热岛效应的存在，使得城区冬季缩短、霜雪减少，有时甚至出现城外降雪城内雨的现象（如上海 1996 年 1 月 17—18 日），从而可以降低城区冬季采暖能耗。

② 夏季，城市热岛效应加剧城区高温天气，降低工人工作效率，且易造成人员中暑甚至死亡。医学研究表明，环境温度与人体的生理活动密切相关，环境温度高于 28 ℃ 时，人就有不舒适感；温度再高就易导致烦躁、中暑、精神紊乱；如果

气温高于 34 ℃,加之频繁的热浪冲击,还可引发一系列疾病,特别是使心脏、脑血管和呼吸系统疾病的发病率上升,死亡率明显增加。此外,高温还加快光化学反应速率,从而使大气中臭氧浓度上升,加剧大气污染,进一步伤害人体健康。例如,1966 年 7—14 日,美国圣路易斯市气温高达 38.1~41.4 ℃,比热浪前后高出 5.0~7.5 ℃,导致城区死亡人数由原来正常情况的 35 人/d 陡增至 152 人/d。1980 年,美国圣路易斯市和堪萨斯市两市商业区死亡率分别升高 57% 和 64%,而附近郊区只增加了约 10%。

③ 城市热岛效应会给城市带来暴雨、飓风、云雾等异常的天气现象,即"雨岛效应""雾岛效应"。夏季经常发生市郊降雨、远离市区干燥的现象。对美国宇航局"热带降雨测量"卫星观测数据的分析显示,受热岛效应的影响,城市顺风地带的月平均降雨次数要比顶风区域多 28%,在某些城市甚至高出 51%;城市顺风地带的最高降雨强度,平均比顶风区域高出 48%~116%。这在气象学上被称为"拉波特效应"。例如,2000 年上海市区汛期雨量要比远郊多出 50 mm 以上。而城市雾气则是由工业、生活排放的各种污染物形成的酸雾、油雾、烟雾和光化学雾的集合体,它的增加不仅危害生物,还会妨碍水陆交通和供电。例如,2002 年的冬天,整个太原城 100 天的冬季中 50 天是雾天。

④ 热岛效应会加剧城市能耗,增大其用水量,从而消耗更多的能源,造成更多的废热排放到环境中去,进一步加剧城市热岛效应,导致恶性循环。城市热岛反映的是一个温差的概念,原则上来讲,一年四季热岛效应都是存在的,但是对于居民生活和消费构成影响的主要是夏季高温天气下的热岛效应。为了降低室温和提高空气流通速度,人们普遍使用空调、电扇等电器装置,从而加大了耗电量。

⑤ 形成城市风。由于城市热岛效应的存在,市区中心空气受热不断上升,周围郊区的冷空气向市区汇流补充,城乡间空气的这种对流运动被称为"城市风",在夜间尤为明显。而在城市热岛中心上升的空气又在一定高度向四周郊区冷却扩散下沉以补偿郊区低空的空缺,这样就形成了一种局地环流,称为城市热岛环流。这样就使扩散到郊区的废气、烟尘等污染物质重新聚集到市区的上空,难于向下风向扩散稀释,加剧城市大气污染。

7.1.3.4　城市热岛效应的防治

城市中人工构筑物的增加、自然下垫面的减少是加剧城市热岛效应的主要原因,因此在城市中通过各种途径增加自然下垫面的比例,便是缓解城市热岛效应的有效途径之一。

城市绿地是城市中的主要自然因素,因此大力发展城市绿化是减轻热岛影响的关键措施。绿地能吸收太阳辐射,而所吸收的辐射能量又有大部分用于植物蒸腾耗热和在光合作用中转化为化学能,从而用于增加环境温度的热量大大减少。绿地中的园林植物,通过蒸腾作用不断地从环境中吸收热量,降低环境空气的温度。每公顷绿地平均每天可从周围环境中吸收 81.8 MJ 的热量,相当于 189 台空调的制冷作用。园林植物光合作用吸收空气中的二氧化碳,每公顷绿地每天平均可以吸收 1.8 t 的二氧化碳,从而削弱温室效应。

　　研究表明:城市绿化覆盖率与热岛强度成反比,绿化覆盖率越高,则热岛强度越低,当覆盖率大于 30% 后,热岛效应将得到明显的削弱;覆盖率大于 50% 时,绿地对热岛效应的削弱作用极其明显。规模大于 3 hm² 且绿化覆盖率达到 60% 以上的集中绿地,基本上与郊区自然下垫面的温度相当,即消除了城市热岛效应,在城市中形成了以绿地为中心的低温区域,成为人们户外游乐活动的优良环境。例如,在新加坡、吉隆坡等花园城市,热岛效应基本不存在。深圳和上海浦东新区绿化布局合理,草地、花园和苗圃星罗棋布,热岛效应也小于其他城市。

　　除了绿地能够有效缓解城市热岛效应之外,水面、风等也是缓解城市热岛效应的有效因素。水的热容量大,在吸收相同热量的情况下升温值最小,表现为比其他下垫面的温度低;水面蒸发吸热,也可降低水体的温度。风能带走城市中的热量,也可以在一定程度上缓解城市热岛效应。

7.2　环境热污染及其防治

　　随着科技水平的不断提高和社会生产力的不断发展,工农业生产和人们的生活都取得了巨大的进步,这其中大量的能源消耗(包括化石燃料和核燃料),不仅产生了大量的有害及放射性的污染物,而且还会产生二氧化碳、水蒸气、热水等,它们会使局部环境或全球环境增温,并形成对人类和生态系统的直接或间接、即时或潜在的危害。这种日益现代化的工农业生产和人类生活中排放出的废热所造成的环境污染,即为热污染。热污染一般包括水体热污染和大气热污染。目前,噪声污染、水污染、大气污染已被人们所重视,而对于热污染,人们却几乎熟视无睹。

7.2.1　热污染的成因

　　热环境的改变基本上都是由人类活动引起的。人类活动主要从以下三个方面影响热环境。

7.2.1.1　改变了大气的组成

（1）大气中 CO_2 含量不断增加

据测定，19 世纪大气中 CO_2 的浓度为 299 mL/m^3，而到 2022 年大气中 CO_2 浓度已达到 350 mL/m^3。2011 年，全球化石燃料燃烧释放的 CO_2 创历史之最，达 31.6 亿 t；十年之后的 2021 年，中国、印度、日本、韩国等亚太地区碳排放量为 177.35 亿 t；北美地区、中南美地区碳排放呈下降趋势，2021 年碳排放量分别为 56.02 亿 t、12.13 亿 t。可见，全球的碳排放量逐渐显著递增。

（2）大气中微细颗粒物大量增加

大气中微细颗粒物质对环境有变冷变热双重效应。颗粒物一方面会加大对太阳辐射的反射作用，同时另一方面也会加强对地表长波辐射的吸收作用。究竟哪一方面起到关键性的作用，主要取决于微细颗粒物的粒度大小、成分、停留高度、下部云层和地表的反射率等多种因素。

（3）对流层中水蒸气大量增加

这主要是由日益发达的国际航空业的发展引起的。对流层上部的自然湿度是非常低的，亚声速喷气式飞机排出的水蒸气在这个高度形成卷云。凝聚的水蒸气微粒在近地层几周内就可沉降，而在平流层则能存在 1～3 年之久。当低空无云时，高空卷云吸收地面辐射，降低环境温度，夜晚由于地面温度降低很快，卷云又会向周围环境辐射能量，使环境温度升高。早在 1965 年就已发现对流层卷云遍布美国上空，随着航空业的飞速发展，在繁忙的航空线上已发现卷云越来越多，云层正不断加厚。

（4）臭氧层的破坏

臭氧是一种淡蓝色具有特殊臭味的气体，是氧气的同素异形体，化学式为 O_3，它起着净化大气和杀菌的作用，并可以把大部分有害的紫外线都过滤掉，减少对地球生态和人体的伤害，因而臭氧是地球生命的"保护神"。

① 臭氧层现状。平流层的臭氧层是臭氧不断产生又不断被破坏分解两个过程平衡的结果。20 世纪 70 年代初期，科学家已经发出了"臭氧层可能遭到破坏"的警告，且从那时开始，根据世界各地地面观测站对大气臭氧总量的观测记录，自 1958 年以来，全球臭氧总量在逐年减少。20 世纪 80 年代的观测结果表明，南极上空的臭氧每年 9—10 月份急剧减少。20 世纪 90 年代中期以来，每年春季南极上空臭氧平均减少 2/3。更令人们值得担心的是，继南极发现"臭氧空洞"之后，1987 年科学家又发现在北极的上空也出现了"臭氧空洞"，最近科学观测表明北极臭氧层也有高达 2/3 的部分已经受损。2000 年 9 月 3 日，南极上空的臭氧层空洞面积达到 2 830 万 km^2，相当于美国领土面积的 3 倍，是迄今为止观测到的最大的臭氧空洞。经过了几十年的发展，随着导致臭氧层空洞的氟氯

烃类化合物的无害代替品被发明,地球在自我调节下,臭氧层开始慢慢地恢复了。

　　② 臭氧层破坏的原因。破坏臭氧层的罪魁祸首不是自然界本身,而是人类自己。科学研究业已证实,现代工业向大气中释放的大量氟氯烃(CFCs)和含溴卤化烷烃哈龙(Halon)是引起臭氧减少的主要原因。氟氯烃,即氟利昂,最初是由美国杜邦公司生产用于制冷的。这些物质性质稳定,排入大气后基本不分解。当其升至平流层后,在太阳光紫外线的催化作用下,释放出大量的氯原子。一个氯原子自由基以惊人的破坏力可以分解 10 万个臭氧分子,而且其寿命长达 75～100 年,而由含溴卤化烷烃哈龙释放的溴原子自由基对臭氧的破坏能力是氯原子的 30～60 倍,并且氯原子自由基和溴原子自由基的协同破坏力远远大于两者单独的破坏能力。此外,CCL_4、$CHCl_3$ 和氮氧化物(超音速飞机的尾气和农业氮肥的施用)以及大气中的核爆炸产物也能破坏臭氧层。虽然臭氧层空洞危机基本已经好转,但是空气中的氟氯烃类化合物依旧存在,只是越来越少了,这也是臭氧空洞出现周期波动但是整体呈现好转的原因。所以在此呼吁大家,我们还是要继续抵制氟氯烃类化合物的使用。按照这样趋势,估计在 2060 年的时候,南极的臭氧空洞将会被彻底修复。

　　③ 臭氧层破坏对地球环境的危害和影响。紫外线的波长范围为 40～400 μm,其中 40～290 μm 为 UV-C;290～320 μm 为 UV-B;320～400 μm 为 UV-A。波长越短能量越大,臭氧层能够吸收 UV-C 和部分 UV-B。研究表明,如果大气中臭氧含量减少 1%,到达地面的紫外线 UV-B 就要增加 2%～3%。过量紫外线的危害如下:

　　一是危害人类和动物的生命健康。适量的 UV-B 是人类健康所必需的,它可以提高人体的免疫力,增强人体抵抗环境污染的能力。然而当人体接受了超过其需要的 UV-B 量时,将导致白内障发病率增加,降低机体对传染病和肿瘤的抵抗能力,降低疫苗的应答效果,导致皮肤癌发病率暴增。大气中臭氧含量每减少 1%,皮肤病发病率将会增加 1%～2%。

　　二是改变植物的生物活性和生物化学过程。抑制植物的光合作用,降低其抵抗病菌和昆虫袭击的能力,降低农作物的产量和质量。

　　三是危害水生生态系统。热污染首当其冲的受害者是水生物,由于水温升高使水中溶解氧减少,水体处于缺氧状态,同时又使水生生物代谢率增高而需要更多的氧,造成一些水生生物在热效力作用下发育受阻或死亡,从而影响环境和生态平衡。此外,河水水温上升给一些致病微生物造成一个人工温床,使它们得以滋生、泛滥,引起疾病流行,危害人类健康。

　　四是降低空气质量。当大气中臭氧含量减少 25% 时,城市光化学烟雾的发生率将增加 30%。

五是降低聚合材料的物理和机械性能,减少聚合和生物材料(木材、纸张、羊毛、棉织品和塑料等)的使用寿命。

六是改变大气辐射平衡,引起平流层下部气温变冷,对流层变热,导致全球大气环流的紊乱,破坏地球的辐射收支平衡。

7.2.1.2　改变了地表形态

(1) 农牧业大发展造成自然植被的严重破坏

随着世界人口数量的不断增长和人们生活水平的不断提高,需要更多的食物来维系人类生命的存在。人类在不断开荒造田、放牧、填海填湖造田的同时,极大地破坏了自然植被。而一般农田→草原→沙漠是森林植被破坏后的转换三部曲,从而改变了自然热平衡,造成热污染。

(2) 飞速发展的城市建设减少了自然下垫面

城市人口的不断增长和城市市政建设的不断发展,导致大面积混凝土构筑物取代了田野和土地等自然下垫面,改变了地表的反射率和蓄热能力。下垫面改变引起城市变化情况见表 7-4。

表 7-4　下垫面改变引起城市变化情况

项目	与农村比较结果
年平均温度	高 0.5~1.0 ℃
冬季平均最低气温	高 1.0~2.0 ℃
地面总辐射	少 15%~20%
紫外辐射	少 5%~30%
平均风速	低 20%~30%
夏季相对湿度	低 8%
冬季相对湿度	低 2%
云量	多 5%~10%
降水	多 5%~10%

(3) 石油泄漏改变了海洋水面的受热性质

在北冰洋泄漏的石油覆盖了大面积的冰面,在其他的海平面上泄漏的石油也覆盖了大面积的水面。石油和水面、冰面吸收和反射太阳辐射的能力是截然不同的,从而改变了热环境。

7.2.1.3　直接向环境释放热量

按照热力学定律,人类使用的全部能量最终都将转化为热,传入大气,逸向太空。

7.2.2　水体热污染

向自然水体排放的温热水导致其升温,当温度升高到影响水生生物的生态结构时,就会发生水质恶化,影响人类生产、生活的使用,即为水体热污染。

7.2.2.1　水体热污染的热量来源

工业冷却水是水体热污染的主要热源,其中以电力工业为主,其次为冶金、化工、石油、造纸和机械行业。在工业发达的美国,每天所排放的冷却用水达4.5亿 m^3,接近全国用水量的 1/3;废热水含热量约 $10\ 467×10^9$ kJ,足够 25 亿 m^3 的水温升高 10 ℃。例如在美国佛罗里达州的一座火力发电厂,其热水排放量超过 $2\ 000\ m^3/min$,导致附近海湾 $10\sim12\ hm^2$ 的水域表层温度上升 $4\sim5$ ℃。我国发电行业的冷却水用量也占到总冷却水用量的 80% 左右。

另外,核电站也是水体热污染的主要热量来源之一,尤其是在现在这样一个核利用逐渐增加的时代。一般轻水堆核电站的热能利用率为 31%~33%,而剩余约 2/3 的能量都以热(冷却水)的形式排放到周围环境中。

7.2.2.2　水体热污染的危害

（1）降低水体溶解氧且加重水体污染

温度是水的一个重要物理学参数,它将影响到水的其他物理性质指标。随着温度的升高,水的温度降低,这将影响到水体中沉积物的沉降作用。水中溶解氧(DO)随温度的变化情况见表 7-5。由表可知,随着温度的升高,水中的 DO 值是逐渐降低的,而微生物分解有机物的能力是随着温度的升高而增强的,从而随着温升,水体自净能力加强,提高了其生化需氧量,导致水体严重缺氧,加重了水体污染。

表 7-5　氧在蒸馏水中的溶解度

水温 T/℃	0	1	2	3	4	5	6	7	8	9	10
DO 值/(mg/L)	14.62	14.23	13.84	13.48	11.12	12.80	12.48	12.17	11.87	11.59	11.33
水温 T/℃	11	12	13	14	15	16	17	18	19	20	21
DO 值/(mg/L)	11.08	10.83	10.60	10.37	10.15	9.95	9.74	9.54	9.35	9.10	8.99
水温 T/℃	22	23	24	25	26	27	28	29	30		
DO 值/(mg/L)	8.83	8.86	8.53	8.38	8.22	8.07	7.92	7.77	7.63		

注:表中为 1 个标准大气压下数据。

（2）导致藻类生物的群落更替

水温的升高将会导致藻类种群的群落更替。蓝藻的增殖速度很快,它不仅不是鱼类的良好饵食,而且其中有些还是有毒性的。它们的大量存在还会降低饮用水水源的水质,产生异味,阻塞水流和航道。

（3）加快水生生物的生化反应速度

在 $0\sim40$ ℃的温度范围内,温度每升高 10 ℃,水生生物生化反应速率增加 1 倍,这样就会加剧水中化学污染物质（如氰化物、重金属离子等）对水生生物的毒性效应。据资料报道,水温由 8 ℃增至 16 ℃时,KCN 对鱼类的毒性增加 2 倍;水温由 13.5 ℃增至 21.5 ℃时,Zn^{2+} 对虹鳟鱼的毒性增加 1 倍。

（4）破坏鱼类生境

水体温度影响水生生物的种类和数量,从而改变鱼类的吃食习性、新陈代谢和繁殖状况。不同的水生生物和鱼类都有自己适宜的生存温度范围,鱼类是冷血动物,其体温虽然在一定的温度范围内能够适应环境温度的波动,但是其调节能力远不如陆生生物那么强。有游动能力的水生生物有游入水温较适宜水域的习性,如在秋、冬、春三季有些鱼类常常被吸引到温暖的水域中;而在夏季,当水温超过了鱼类适应水温的 $1\sim3$ ℃时,鱼类都会回避暖水流,这就是鱼类调整自我适应环境的一种方式。从而可以看出,热污染对附着型生物（如鲍鱼、海胆等）的影响更大,其上限温度约为 32 ℃。鱼类生存适宜的温度范围是很窄的,有时很小的温度波动都会对鱼类种群造成致命的伤害。

水温的上升可能导致水体中鱼类种群的改变。例如,适宜于冷水生存的鲑鱼数量会逐渐减少,会被适宜于暖水生存的鲈鱼、鲇鱼所取代。

温度是水生生物繁殖的基本因素,将会影响到从卵的成熟到排卵的许多环节。例如,许多无脊椎动物有在冬季达到最低水温时排卵的生理特点,水温的上升将会阻止营养物质在其生殖腺内的积累,从而限制卵的成熟,降低其繁殖率。即使温升范围在产卵的温度范围内,也会导致产卵时间的改变,从而可能使得孵化的幼体因为找不到充足的食物来源而导致其自然死亡。同时,适宜的温升范围也有可能导致某些水生生物的爆发性生长,从而导致作为其食物来源生物的生物群体的急剧减少,甚至种群的灭绝,反过来又会限制其自身种群的发展。鱼类的洄游规律与环境水温度的变化有关,水体的热污染必将破坏它们的洄游规律。

在热带和亚热带地区,夏季水温本来就高,废热水的稀释较为困难,且会导致水温的进一步升高;在温带地区,废热水稀释升温幅度相对较小,而扩散的要快得多,从而热污染在热带和亚热带地区对水生生物的影响会更大些。

（5）危害人类健康

温度的上升会全面降低人体机理的正常免疫功能,给致病微生物如蚊子、苍蝇、蟑螂、跳蚤和其他传病昆虫以及病原体微生物提供了最佳的滋生繁衍条件和传播机制,导致其大量滋生、泛滥,形成一种新的"互感连锁效应",引起各种新、老传染病如疟疾、登革热、血吸虫病、恙虫病、流行性脑膜炎等病毒病原体疾病的扩大流行和反复流行。目前以蚊子为媒介的传染病,已呈急剧增长趋势。2002年 3 月初,美国纽约已新发现一种由蚊子感染的"西尼罗河病毒"导致的怪病。

7.2.2.3　水体热污染的温升控制标准

温热水的排放主要有表层排放和浸没排放两种形式,而实际设计中一般排放口的高度介于这两者之间。

表层排放的热量散逸主要是通过水面蒸发、对流、辐射作用进行的,它主要影响近岸边的水生生态系统。当温热水排放水流方向和风向相反或在河流入海口处排放时,可能会发生温热水向上游推托的现象,从而降低其稀释效果,这在工程设计上应予以充分考虑。

浸没排放的热量散逸主要是通过水流的稀释扩散作用进行的,它主要影响水体底部的生态系统。浸没排放是通过布置在水体底部的管道喷嘴或多孔扩散器进行的,它沿水流方向的热污染带的长度要比表层排放小,而在宽度和深度方向都要比表层排放大。

为了尽量降低水体热污染可能带来的对生物环境的破坏作用,通常是控制扩散后水体温升范围和热污染带的规模两项指标。水体温升是指热污染向下游扩散,经过一定距离至近于完全混合时水体温度比自然水温高出的温度。温升指标的高低,需要综合考虑环保和经济合理两方面的因素。《地表水环境质量标准》(GB 3838—2002)规定,人为造成环境水温变化应限制在周平均最大升温 <1 ℃。

7.2.2.4　水体热污染的防治

水体热污染的防治,主要是通过改进冷却方式、减少温排水的排放和利用废热三种途径进行。

(1) 设计和改进冷却系统,减少温排水

一般电厂(站)的冷却水,应根据自然条件,结合经济和可行性两方面的因素采取相应的防治措施。在不具备采用一次通过式冷却排放条件时,冷却水常采用冷却池或冷却塔系统,使水中废热散逸,并返回到冷凝系统中循环使用,提高水的利用效率。

(2) 废热水的综合利用

目前,国内外都在进行利用温热水进行水产养殖的试验,并已取得了较好的试验成果,见表 7-6。

表 7-6　利用温热水水产养殖试验状况

试验地点	生物种类	取得成果
中国	非洲鲫鱼	已获成功
日本	虾和红鲷鱼	加快其增长速度
日本	鳗鱼、对虾	已获成功
美国	鲶鱼	已获成功
美国	观赏性鱼	提高其成活率
美国	牡蛎、螃蟹、淡菜	增加其产卵量、延长其生长期

农业也是利用温热水的一个重要途径。在冬季用温热水灌溉能促进种子发芽和生长,从而延长适于作物种植、生长的时间。在温带的暖房中用温热水灌溉可以种植一些热带或亚热带的植物。这里需要考虑的是,当温热水源由于某些原因无法提供温热水时的影响和相应的解决措施。

利用温热水冬季供暖和夏季作为吸收型空调设备的能源,其应用前景较为乐观。作为区域性供暖的地区,在瑞典、芬兰、法国和美国都已取得成功。

温热水的排放可以在一些地区防止航道和港口结冰,从而节约运输费用,但在夏季会对生态系统产生不良影响。

污水处理也是温排水利用的一个较好的途径。温度是水微生物的一个重要的生理学指标。活性污泥微生物的生理活动和周围的温度密切相关,适宜的温度范围(20～30 ℃)可以加快其酶促反应的速率,提高其降解有机物的能力,从而增强其水处理的效果。特别是在冬天水处理系统温度较低的情况下,如果能将温排水的热量引入污水处理系统中去,将是一举两得的处理方案。这当然要充分考虑经济和可行性两方面的因素。

7.2.3　大气热污染

能源是社会发展和人类进步的命脉。随着能源消耗的加剧,越来越多的副产物 CO_2、水蒸气和颗粒物质被排放到大气中。水蒸气吸收从地面辐射的紫外线,悬浮在空气中的微粒物吸收从太阳辐射来的能量,加之人类活动向大气中释放的能量,使得大气温度不断升高,即为大气热污染。

7.2.3.1　大气热污染的危害

(1)引起局部天气变化

① 减少太阳到达地球表面的辐射能量,降低大气可见度。排放到大气中的各类污染物对太阳辐射都有一定的吸收和散射作用,从而降低了地表太阳的入射能量。污染严重的情况下,可减少到 40％ 以上。又由于热岛效应的存在,导致污染物难以迅速扩散开来,积存在大气中形成烟雾,增加了大气的浊度,降低

了空气质量,降低了可见度。

② 破坏降雨量的均衡分布。大气中的颗粒物对水蒸气具有凝结核和冻结核的作用。一方面热污染加大了受污染的大工业城市的下风向地区的降水量(拉波特效应),另一方面由于增大了地表对太阳热能的反射作用,减少了吸收的太阳辐射热量,使得近地表上升气流相对减弱,阻碍了水蒸气的凝结和云雨的形成,加之其他因素,导致局部地区干旱少雨,导致农作物生长歉收。2022 年夏天,欧洲遭受了 500 年来最为严重的干旱,泰晤士河上游已干涸断流,法国 7 月全国平均降水量甚至不足 10 mm,西班牙全国水库 8 月的蓄水量仅为库容的40%,比过去十年同一时期的平均蓄水量低了 20 个百分点。欧洲约 47% 的地区处于干旱"警告"状态,少量的降雨无法缓解土壤的干涸状况,植物和农作物的生长也都受到了影响,随之而来的是能源危机。

③ 加剧城市的热岛效应。城市热岛效应和大气热污染之间是一种相辅相成的关系,随着大气热污染的加剧,城市会变得更"热"。

(2)大气热污染引起全球气候变化

目前,尚缺少大气热污染对全球气候影响的实际观测资料,还不能具体确定其对自然环境可能造成的破坏作用及可能产生的深远影响。然而已有明确的观测资料表明,大量存在于大气中的污染物改变了地球和太阳之间的热辐射平衡关系,虽然这种影响尚小,但曾有人指出,地球热量平衡的稍有干扰,将会导致全球平均气温 2 ℃的浮动。无论是平均气温低 2 ℃(冰河期),还是平均气温高 2 ℃(无冰期)的发生,对于脆弱的地球生命系统来讲都将是致命的。

① 加剧二氧化碳的温室效应。空气中含有二氧化碳,而且在过去很长一段时期中含量基本上保持恒定。这是由于大气中的二氧化碳始终处于"边增长、边消耗"的动态平衡状态。大气中的二氧化碳有 80% 来自人和动、植物的呼吸,20% 来自燃料的燃烧。散布在大气中的二氧化碳有 75% 被海洋、湖泊、河流等地面的水及空中降水吸收溶解于水中,还有 5% 的二氧化碳通过植物光合作用转化为有机物质储藏起来。这就是多年来二氧化碳占空气成分 0.03%(体积分数)始终保持不变的原因。

但是近几十年来,由于人口急剧增加,工业迅猛发展,呼吸产生的二氧化碳及煤炭、石油、天然气燃烧产生的二氧化碳,远远超过了过去的水平。由于对森林乱砍滥伐,大量农田建成城市和工厂,破坏了植被,减少了将二氧化碳转化为有机物的条件。再加上地表水域逐渐缩小,降水量大大降低,减少了吸收溶解二氧化碳的条件,破坏了二氧化碳生成与转化的动态平衡,就使大气中的二氧化碳含量逐年增加。空气中二氧化碳含量的增加,就使地球气温发生了改变。

② 大气中颗粒物对气候的影响。到目前为止,近地层大气中的颗粒物主要

环境物理教育研究

还是自然界火山爆发的尘埃颗粒以及海水吹向大气中的盐类颗粒,由人类活动导致的大气中颗粒物的增加量尚少,且只是作为凝结核促进水蒸气凝结成云雾,增加空气的混浊度。火山灰在大气中成为云和水滴的凝结核,这就容易形成积云,甚至会下大雨以至酸雨。大气层中的火山灰可能在对流层、平流层中漂浮很多年,从而能遮挡太阳照射,致使当地受到的太阳辐射热量减少很多。在一般情况下火山爆发后的几年时间里,当地的气候往往会出现偏冷的现象,尤其是在夏季较为明显,不过很快就会恢复正常。

7.2.3.2　大气热污染的防治

（1）植树造林,增加森林覆盖面积

绿色植物通过光合作用吸收 CO_2,放出 O_2。根据化学式,植物每吸收 44 g CO_2,会释放 32 g O_2。据实验测定,每公顷森林每天可以吸收大约 1 t CO_2,同时产生 0.73 t O_2。据估算,地球上所有植物每年为人类处理 CO_2 近千亿吨。此外,森林植被能够防风固沙、滞留空气中的粉尘,每公顷森林可以年滞留粉尘 2.2 t,降低环境大气含尘量 50% 左右,进一步抑制大气升温。1973—1976 年,我国森林面积和覆盖率分别为 12 200 万 hm^2 和 12.7%;2014—2022 年,我国的森林面积和覆盖率分别为 22 044 万 hm^2 和 24.02%。在过去 40 年里,我国森林面积和覆盖率几乎翻了一番。植树造林一直以来被认为是减缓全球变暖的有效途径之一。

（2）提高燃料燃烧的完全性,提高能源的利用效率,降低废热排放量

目前我国的能源利用效率只是世界平均水平的 50%,存在着极大的能源浪费现象。研究开发高效节能的能源利用技术、方法和装置,任重而道远。

（3）发展清洁型和可再生性替代能源,减少化石性能源的使用量

清洁型能源的开发使用是清洁生产的主要内容。所谓清洁型能源,就是指它们的利用不产生或极少产生对人类生存环境的污染物。

（4）保护臭氧层,共同采取"补天"行动

世界环境组织已将每年的 9 月 16 日定为国际保护臭氧层日,严格执行《保护臭氧层维也纳公约》和《关于消耗臭氧层物质的蒙特利尔议定书》等国际公约。美国、欧盟等国家和组织决定,自 2000 年起停止生产氟利昂。中国自 1998 年起实施了《中国哈龙行业淘汰计划》,到 2006 年年底和 2010 年年底,分别停止哈龙-1211 和哈龙-1301 的生产。

环境热污染的研究属于环境物理学的一个分支。由于它刚刚起步,许多问题尚不十分清晰。随着现代工业的发展和人口的不断增长,环境热污染势必日趋严重。为此,尽快提高公众对环境热污染的重视程度,制定环境热污染的控制标准,研究并采取行之有效的防治热污染的措施方为上策。

第 3 篇
环境物理教育的实施

第 8 章　学校环境物理教育

学校是开展环境物理教育的重要领域。青少年虽然不直接参与社会决策，但他们也同样面临环境物理性问题，他们的环境物理意识、价值观、态度直接影响到以后的生活方式，而且他们目前也能够以自己的方式参与物理环境保护活动。所以，青少年应关注、认识物理环境，具备解决环境物理问题的一定知识和能力，积极参与促进可持续发展的活动。目前中国在校学生超 2 亿人，他们是中国 21 世纪建设的主要力量。学校环境物理教育，不但可使学生本人成为物理环境保护的积极践行者，同时又可以通过"小手拉大手"而影响到父母和家庭，从而逐步实现提高整个民族环境物理意识的目的。

8.1　学校环境物理教育的目的和目标

学校环境物理教育是一种通过有组织、有计划、有规定的教育内容和培养目标，以青少年为对象的正规环境物理教育。

8.1.1　学校环境教育的目的和目标

环境教育的目的和目标随着人们对环境教育认识的深入而发展变化。

8.1.1.1　学校环境教育的目的

1975 年，贝尔格莱德会议提出环境教育的目的为：提高全世界所有人的环境意识，并且关注环境及其问题，促使个人或群体具有解决当前问题、预防新问题的知识、技能、态度，其目的是使他们投入到这项工作中去。1977 年的第比利斯会议提出的环境教育的目的为：促使人们清楚地意识并关注城乡地区经济、社会、政治和生态方面的相互依赖性；为每个人提供获取保护和改善环境所必需的知识、价值观、态度、义务和技能的机会；建立个人、群体和社会对待环境的新的行为模式。1992 年以后，随着可持续发展概念的提出，环境教育的最终目的变为：使人们理解这一星球上的生命是相互依赖的，并反映到他们在目前及未来对整个环境、全球及地方资源所做的决策和行动上；提高人们的经济、政治、社会、文化及技术的认识，提高人们对环境促进或阻碍可持续发展的理解；培养人们的意识、能力、态度和价值观念，使他们能够有效地参与地方、国家和国际上的可持续发展活动，帮助他们走向更公正和可持续的未来。

纵观这几种目的，其实所反映的是三方面的内容：人们应关注、认识环境；具有解决环境问题的知识和能力；积极参与促进可持续发展的活动，这是对整个环境教育而言。对学校环境教育来说，其对象是青少年，毋庸置疑，今天的青少年将是未来社会经济建设的中坚力量，是各行业、各部门的决策者，是公共部门或私人区域的管理者、教师、律师、医生、科研工作者等，同时他们又必须是环境的保护者。因此，他们是否具有环境意识，是否懂得如何保护环境和解决环境问题，将直接关系到"可持续发展战略"的实现，关系到一个民族的生死存亡。基于这种认识，各国在学校环境教育大纲中提出了学校环境教育的目的。

1990 年，英国国家课程委员会颁布的环境教育大纲中规定的环境教育的目的是：提供各种机会，使学生获得保护和改善环境的知识、价值观、态度、承诺和技能；鼓励学生从多方面检验和说明环境问题，包括物理学、地理学、生物学、社会学、经济学、政治学、工艺学、历史学、美学、伦理学和神灵学等方面；唤起学生对环境问题的意识和好奇心，鼓励他们积极参加解决环境问题的各种活动。

澳大利亚昆士兰州教育部门提出的环境教育的目的为：为所有学生提供机会，以便培养他们具有对地球及人类健康的意识和关注，保护和改善环境（自然、社会和个人）所必需的知识、技能、态度和价值观；帮助学生发展新的行为模式（个人生活方式的选择和获得学识、关心地球的参与行为）。

从这些学校环境教育的目的来看，人们对于学校环境教育目的的认识是基本相同的。我们可以总结学校环境教育的目的为：通过学校的教学活动使学生获得有利于可持续发展的环境知识、价值观、态度和技能；通过让学生参与解决环境问题的活动而获得经验；培养新的行为模式。

8.1.1.2　学校环境教育的目标

学校环境教育的目标以第比利斯会议提出的认识、知识、态度、技能、评价能力和参与六项目标为基础，以认知心理学的研究成果及课程理论为依据，根据学生的年龄、心理特征、认知水平而确定。由于各国课程设计的思想所依据的理论及课程的设置均不相同，因此所提出的学校环境教育的具体目标不尽相同，但一般包括知识、技能、态度三方面的目标。

环境教育是跨学科的教育，因此在学校原有的各门学科中都含有环境的内容。作为学科来说，各学科都有自己的教育目标，环境教育的内容亦包含在内。制定环境教育的目标，是从环境教育的角度出发，特别提出要使人与自然和谐发展、走可持续发展的道路,学校教育应使学生具备哪些知识、技能和态度。在实际教学时,这些目标仍然可以在各学科中达到。有些目标与其他学科的目标是相重叠的。如英国提出的技能目标,包括交往、计算、学习、解决问题、信息技术、个人和社会六方面。

8.1.2　学校环境物理教育的目的和目标

以学校环境教育的目的和目标为基础,学校环境物理教育考虑到自身的学科特点,将学校环境教育的目的和目标进一步具体化。

8.1.2.1　学校环境物理教育的目的

学校中有效的环境物理教育规划要为所有学生提供机会以获取:

① 对物理环境及人类健康的意识和关注。

② 保护和改善物理环境所必需的知识、技能、态度和价值观。

③ 通过让学生参加解决环境物理问题的活动而获得经验。

这些目的对帮助发展学生行为新模式(包括个人生活方式的选择和获得学识、关心物理环境的参与行为)具有重要意义。

8.1.2.2　学校环境物理教育的目标

学校中有效的环境物理教育规划包括技能、情感和知识目标。

（1）技能方面的目标

教师可通过发展以下技能来帮助学生批判地思考物理环境并付诸行动,使学生能够:

① 运用他们所有的观念探索物理环境。

② 观察和记录与物理环境有关的信息、观点和感觉。

③ 评价和思考在物理环境中的探索活动。

④ 调查和交流有关环境物理性问题的关注。

⑤ 感受各种有关环境物理性问题的观点。

⑥ 讨论各种有关环境物理性问题的观点。

⑦ 识别、澄清和表达与物理环境有关的价值判断。

⑧ 考虑和描述环境物理行为可能导致的结果(生态的、社会的、政治的、经济的等)。

⑨ 选择、设计和实施有关环境物理性问题的行动。

⑩ 为解决起因于环境物理性问题的冲突而与他人合作和谈判。

⑪ 对物理环境调查中取得的信息进行口头的、书面的和图解的阐述。

⑫ 发展积极公民所需的政治技能(如游说、请愿、组织代表团、写信)。

⑬ 学习联想和创造思维的技能。

（2）情感方面的目标

教师可以根据社会正义与生态维持的价值观帮助学生发展环境物理道德，主要向学生提供机会以发展：

① 对物理环境的快乐和热情感。

② 尊重物理环境。

③ 探索人类与物理环境相互作用的热情。

④ 关注物理环境质量，为主动关心物理环境做好准备。

⑤ 对特殊物理环境独特特征的理解。

⑥ 理解本土人民的文化知识，体验物理环境以及文化背景对物理环境独特理解的作用。

⑦ 理解个人、社区、国家和全球合作在防止和解决环境物理性问题中的需求。

⑧ 为评价和改变个人的生活方式等做好准备，以支持持续的、健康的未来理念。

⑨ 愿意个人与他人合作地工作，以改善物理环境。

⑩ 愿意拓展思路，向预见的观点挑战、接受改革和了解未知。

（3）知识方面的目标

教师可通过宣讲下列概念为学生提供了解物理环境的机会：

① 物理环境体系：是复杂、有规律地相互关联的，物理环境体系不断地有能量和物质的循环。

② 社会体系：具有政治的、经济的、文化的和宗教的方面，它们之间及与物理环境体系相互关联。

③ 个人生态：我们看世界的方法常反映了我们看自己的方法，因而产生对物理环境的态度；相反，内在地受社会和自然环境的影响。

④ 持续发展：是满足目前所需的发展，而不是危及子孙后代满足自己需求的动力。为了持续发展，社会必须是公正的并适合于这个地方的文化、历史和社会系统。

⑤ 公民：所有人都要为自己的行为负责，并在当地、国家和全球中共同工作，以使世界更美好。

⑥ 知识和未知：尽管我们理解一事物与另一事物的相互联系，但仍然有不少是我们尚不理解的，因而我们须做出相应的决策。我们需要合理、直观、谨慎和正直地行动。

由于学生在不同年龄段的学习特征不同，学校环境物理教育的目标在不同年级的侧重点亦不同，见表 8-1。

表 8-1　不同年级学校环境物理教育目标的重点

年级（年龄）	重点	次重点
学校至 7～8 岁（小学低年级）	感知觉醒 态度和价值观	知识 技能 经验
8～9 岁（小学低年级）至 10～11 岁（小学高年级）	知识 技能 态度和价值观	感知觉醒 经验
11～15 岁（小学高年级至初中）	技能 经验 态度和价值观	感知觉醒 知识
15 岁以上（初中至高中）	技能 经验 态度和价值观	感知觉醒 知识
18 岁以上（高中至大学）	技能 经验 态度和价值观	感知觉醒 知识

8.2　学校环境物理教育的内容和途径

　　环境教育开展数十年来，已经形成三种模式："关于环境"的教育、"通过环境"或"在环境中"的教育和"为了环境"的教育。它们分别对应环境教育内容的三个维度："知识和认知""技能和能力""态度和价值观"，分别对应主要参与的三类个性元素："知识构架""经验感悟""伦理精神"，各自对应三种哲学基础和方法论："实证主义""解释主义""社会批判理论"。这是环境教育的矛盾运动的结果。根据对环境教育模式的理解，我们认为学校环境物理教育的内容也应在这样的框架运作中发展起来，分为以下三个互相关联的部分。

8.2.1　学校环境物理教育的内容

8.2.1.1　"关于物理环境"的教育

"关于物理环境"的教育,是以传授与物理环境相关的基础知识为主的教育,其目的是给学生以获得价值和态度所必需的知识和技能,以便使他们体会并判断环境物理问题。因为对物理环境仅仅关心是不够的,这种关心必须转化为有利于可持续发展的行为模式,而这种行为模式的建立有赖于对物理环境的理解。学生需要了解物理环境是如何运转的、人类的活动会对物理环境有哪些影响,需要了解政治、经济、社会文化以及生态这些因素对物理环境的影响,了解如何合理地利用物理环境,等等。

8.2.1.2　"为了物理环境"的教育

"为了物理环境"的教育是在为学生提供知识和技能的基础上,进一步培养学生的价值观、判断力及个人对物理环境的道德观,从而使他们不论现在还是将来都会对物理环境持有一种关心的态度。

学生们的日常行为都会对物理环境产生影响,例如他们本身就是居民、消费者、声音制造者等。他们的活动范围可能相对较狭小,如在家庭、学校、社区等,但随着年龄的增长,活动范围将越来越广,他们将成为工厂、当地社区、国家和国际的生产者、决策者。所以,学生在校期间若树立正确的环境物理意识,对其今后的价值取向与行为方式的影响是至关重要的。"为了物理环境"的教育的目标正是使学生获得关于目前和未来物理环境利用的技能,找到解决环境物理性问题的方法,并考虑到存在着利益冲突和不同文化观的事实,认识到人类不得不做出的抉择。应该说,"为了物理环境"的教育是最重要的。因为可持续发展、良好的物理环境取决于人的行为方式和生活方式,对物理环境的了解和关心最终都是为了使人类的活动要与物理环境和谐。参与对环境物理性问题的调查和讨论有利于形成正确的价值观和态度。

8.2.1.3　"在物理环境中"的教育

"在物理环境中"的教育是把物理环境作为学习的资源,这是一种户外教育,它提供机会使学生直接接触物理环境,对物理环境形成直接的认识,从而加强他们对物理环境的认识和发展有关的技能和能力。学生通过在物理环境中的学习可获得大量的理解、调查、交流的知识和技能。"在物理环境中"的实地学习在学校环境物理教育中具有十分重要的地位,它使学生能将物理环境作为学习的刺激源,并能发展学生的环境物理意识和好奇心。实地学习允许学生针对问题进行深入的调查,以发展一系列技能,其中一些技能可运用到其他课程学习中,并有益于校外生活。至于选取哪种物理环境,取决于教学的方便。学生在调查过程中要使用各种科学仪器,并进行数据采集、分析和处理,在活动的过程中还需要与同伴合作,理解他人的价值观与想法,掌握个人和群体是如何进行合作的。

　　以上三种内容的教育彼此之间相互联系,成为一个整体。它们之间内部的相互关系如图 8-1 所示。

图 8-1　学校环境物理教育的相互关系

　　在实际教学中,学校环境物理教育以综合的形式出现居多。但在不同的学段可以侧重不同方面的教育。在小学阶段,按照皮亚杰的理论,学生处于具体运算思维阶段,其道德发展阶段处于从他律向自律迈进的时期,因此学校环境物理教育应注重“关于物理环境”的教育,以学习环境物理知识为主,由此提高环境物理意识,培养对物理环境的好奇心和关心。在中学阶段,学生进入形式运算思维阶段,批判性思维得到发展,这时可主要以“为了物理环境”的教育和“在物理环境中”的教育为主。到了大学阶段,则以“在物理环境中”的教育为主,增强专业性,使大学生具有一定的解决环境物理性问题的知识和能力,积极参与促进可持续发展的活动。

8.2.2　学校环境物理教育的体系

　　在学校中开展环境物理教育主要通过四条途径进行:一是在相关学科教学中渗透环境物理科学知识、技能及道德教育;二是开设必修课或选修课;三是利用活动课或课外活动开展多种形式和多种层次的学校环境物理教育;四是营造良好的校园物理环境。不同的形式都有自身的特点,但彼此之间相辅相成,构成一个完整的学校环境物理教育体系。

8.2.2.1　学科教学渗透

　　学科教学渗透是进行学校环境物理教育的主渠道和主要方法。渗透教学就是采用渗透法把环境物理的知识内容渗透到物理、化学、生物、地理和自然常识等自然学科和德育、国情、历史、政治、语文等社会学科的教学之中,结合相关章节讲授,使环境物理教育同课堂教学有机地结合起来。在进行渗透教学时须做到:

首先,要选择好渗透学科。目前,全国开展环境物理教育的学校基本上都抓住了各门学科作为渗透教学的重要学科,因为这些学科中都有同环境物理知识联系密切的章节,教师在教学中可以依据教材内容适当扩充环境物理知识,把学校环境物理教育纳入教学体系之中。

其次,要选择好渗透内容。为了避免渗透教学中的随意性,真正做到有机结合,全国各地区的学校应结合实际情况,对渗透的环境物理内容进行选择,在讲好现有教材的基础上,适当增设一些环境物理知识。根据一些地区的实践经验,搞好渗透教育,关键是选择好环境物理知识与教材的结合点。由于学生主要是学习基础知识,而学校环境物理教育又是普及型教育,所以学校一般在选择教学内容时,主要以环境物理基础知识为主,不过多涉及治理技术、标准等内容。学校环境物理教育开展比较好的学校,在安排教学计划时,应对各科之间的渗透内容能够进行总体安排,分清主次,突出重点,防止同一内容在不同年级、不同学科重复讲授。

学科渗透课程的优点是不用开设新的课程,可以有效地利用现有的教学时数。但学科教学中渗透的环境物理知识毕竟是零散的、不系统的、处于从属位置的。讲授时受学科知识系统的影响,使学生的环境物理知识结构不完整,学生学习只是感受一时。另外,对师资的要求较高,渗透教学能否实施,任课教师的环保知识和环境物理意识是重要因素。因而需要对各科师资进行有效的培训,才能保证学校环境物理教育的质量。各学校应通过讲座、进修、组织备课等途径来补充教师的物理环保知识,明确渗透教学中的具体知识结合点,统一内容和要求,使各科教学有分工、有合作。有条件的地方,根据教材内容,分学科编写教学参考资料,使教师有所依据。

8.2.2.2　开设必修课或选修课

开设环境物理保护专门的必修课或选修课,是学校实施环境物理教育的最佳途径。开设环境物理保护选修课或必修课的教学目的是:让学生了解环境物理保护的概念和主要环境物理性问题产生的原因;认识到环境物理问题给人类带来的危害;知道为防治环境物理性污染、保护生态平衡应采取的主要措施;树立可持续发展的环境物理道德观;等等。通过环境物理必修课或选修课,学生可以学到系统的环境物理科学知识,为将来从事环境物理保护和教育工作做好必要的知识准备。

必修课或选修课的开设,要求学校将其纳入教学计划之内,有固定的授课教师、时间、地点和成套的教具。授课形式主要是两种：一是排入课表，按固定课时授课；另一种是以年级为单位，集中上大课。教学重点是：各种环境物理性污染的概念，产生的原因与危害，防治的途径，可持续发展的环境物理道德观，环境物理保护法，等等。在教学过程中，教师可以采用讲授法、参观法、讨论法、读书指导法等多种教学方法。另外，还可采用电教手段，如播放有关物理环境保护的专题录像片、制作多媒体环保课件等，以丰富课堂教学内容，活跃课堂气氛。在作业布置方面，强调学生自己对某些特定的环境物理问题的产生、发展和后果进行较系统的、全面的调查和分析。在考试形式上，可以采用开卷和闭卷相结合的形式，一些必要的基础知识闭卷考试，另外出一些专题如"建筑施工噪声对居民生活的影响及防治措施"等，让学生自己思考，通过查阅资料和调研写出专题报告，进行评分，计入考试成绩。

相对于学科渗透而言，环境物理教育必修课或选修课的课程开发比较容易，有利于学生系统地学习掌握环境物理知识和技能，有利于进行学校环境物理教育目标的评估和检查。但是如果学校课时紧张，开设的课程门类较多，则增加了学生的负担。从学生的学习心理来看，这种课程更适合在高中和大学阶段开设，从国际学校环境物理教育的情况来看也大体如此。独立设课与渗透结合两种课程模式优缺点对比见表 8-2。

表 8-2　独立设课与渗透结合两种课程模式优缺点对比

对比内容	独立设课的特点	渗透结合的特点
实施难易	如果教学计划中允许增加课时，比较容易实施。教师培训人数比较少	教学计划中不需要增加课时，但各学科之间要协调，避免重复。教师培训人数较多
教师能力	对教师能力要求较高	各学科教师能力可以不同
课业负担	增加学生课业负担	可以不增加学生课业负担而开展有效的、生动活泼的教学
课程开发	课程开发容易	必须对现有课程内容和顺序重新调整
效果评估	容易进行综合评价	很难进行综合评价
适应程度	大学开设独立课程比初中、小学开设更好一些	适用于高中、初中和小学开展环境教育
教学迁移	比较难开展有效的迁移教学	迁移教学和综合教学包含在这种模式之中
教学条件	需要较多仪器设备和活动场所，要求经费较多	在原有学科教学基础上开展环境物理教育，因此比独立设课花钱要少

目前,国外一些大学已经开设了环境教育相关的在线课程,例如康奈尔大学的"环境教育成效"和"城市环境教育"在线课程。在线课程可以利用视频讲座、音频文件、阅读材料、社交媒体和在线讲座等学习方式,帮助学习者确立自己的环境教育目标,同时不受时间和地域的限制,快速及时地获取知识。

8.2.2.3　开展课外活动

通过丰富多彩的课外活动来普及环境物理知识,培养物理环境保护技能,树立可持续发展的观念,是开展学校环境物理教育的又一重要途径。课外活动具有时间上的机动性、手段上的实践性、形式上的多样性和内容上的灵活性等特点,这些特点有利于学校开展环境物理教育活动。全国各地的学校应因地制宜,开展多种多样的课外活动。

（1）环境物理保护科技小组活动

环境物理保护科技小组活动的目的是向学生普及环境物理科学知识,使学生了解环境物理性污染产生的原因和危害,掌握电磁辐射、噪声等污染的测定方法,提高学生分析和解决问题的能力,提高他们的基础操作技能,培养他们的创造力、观察力。在环境物理科技活动中,一般都遵循理论与实践相结合、知识讲授与技能提高相结合、课堂教学与课外考察相结合的原则。活动内容依各校情况不同而有所区别,大体上分为:知识讲授、参观考察、题目选定、社会调查、样品采集、实验测定、系统分析、建议与总结八个部分。

许多学校的实践证明,开展环境物理科技活动,关键是抓住四个环节:① 从了解物理环境现状入手;② 寻找环境物理性污染产生的原因;③ 认识到环境物理性污染对人类的危害;④ 提出治理污染的建议。这样可以提高学生综合分析问题和利用所掌握的知识解决问题的能力。

（2）科普活动

科普活动是开展学校环境物理教育的重要组成部分,普及性强,范围广泛,内容丰富,形式多样。全国各级环保、教育、科协等部门应密切配合,在开展学校环境物理科普活动方面进行有益的尝试。主要做法有:

① 建立环境物理科普活动的组织机构。充分利用当地的少年科技馆、科学宫等机构和场所,推动环境物理科普的开展;利用环境爱好者协会、环境教育专业委员会等群众组织,为学生定期举办环境物理科普讲座,组织参观、考察,配合环保、教育、科协等单位组织各种竞赛、论文评选等活动。

② 把学校环境物理教育纳入群众性科普活动。面向社会,以"世界环境日""地球日""爱鸟周"等为主题,组织学生举办专题广播、编排文艺节目、散发环保宣传资料等活动,宣传群众、服务社会,普及环境物理知识。这些活动对培养学生学科学、用科学、热爱物理环境、保护物理环境的思想品德可以起到良好的

作用。

③把学校环境物理教育纳入科技夏令营。科技夏令营是学生喜爱的一种科普活动,一方面是对科普活动积极分子和各项科技竞赛获奖学生的奖励,另一方面又是普及科学知识、扩大社会影响的有效形式。自20世纪80年代初开始,全国各地的环保、教育、科协等部门密切合作,坚持每年举办各种形式的环保夏令营。在夏令营进行环境物理教育,可通过野外考察、标本采集、污染测定、参观工厂和农业生态村、举办讲座等活动,拓宽学生视野、增长环境物理知识、提高环境物理意识。

8.2.2.4　营造良好的校园物理环境

环境指在人的心理、意识之外,对人的心理、意识形成发生影响的全部条件。诚然,人所处的社会环境和自然环境相比,社会环境对人心理的发展起着决定性的影响,然而不能忽视问题的另一面,即自然物理环境对人的影响。校园物理环境是指学校本身由于自身物理因素而形成的影响学校成员的物理环境,作为物理量首先诉诸人的感知觉。校园物理环境有约束作用,健康向上的物理环境力量一旦形成,会产生一种强大的心理制约力量,促使生活在其中的所有人自觉约束自己、规范自己,使自己的思想服从整体意识,自己的行为符合集体利益。这种环境的制约力量要比制度的规范、理论的灌输和人为的教化强大得多。凝聚力和约束力对一个集体是至关重要的,一个寝室、一个团队、一个学校有了凝聚力和约束力,其成员的思想觉悟就高,行为能力就强,就能够树立良好的集体风气。所以,环境能改变人,人又能够创造和治理环境,学校应在教书育人、管理育人的同时,更好地发挥校园物理环境育人的功能。

教室是校园重要组成部分,是开展教学活动的主要场所,是教学活动必须依赖的一个重要因素。教室物理环境中有以下四个方面会对教学效果、学生身心健康与环境物理意识的形成产生重要影响。

（1）噪声

大于70 dB的声音即为噪声。背景噪声越大,分心作用也就越大。但是不是就意味着一定要完全消除背景声音呢？研究发现,如果教室中的声音不超过一定的水平(45～50 dB),它们对教学活动不仅不产生消极影响,反而为教学活动所需要。因为完全消除教室中的背景噪声,让学生在绝对安静的环境中学习,他们甚至会持续地被自己的呼吸声和心跳声所干扰,更不用说周围的响动了,此时周围任何一点响声无疑都会使学生分散注意力。

（2）空气

教室是人员比较集中的场所,我国中小学的班级规模普遍大于西方国家,班级人数一般在40～60人之间,因而教室的通气问题就显得更为重要。据研究,每名学生在安静状态下平均呼出的气体中含有 0.4％ 的二氧化碳,如果没有良好的通风设备,没有新鲜空气的流入,教室内的二氧化碳浓度增高,会造成学生在学习活动中产生的热量得不到散发。在这种环境中学习,不仅学生的感知能力和思维活动会受到压抑,影响学习效果,严重的将出现胸闷、气短、头晕、头疼现象,机体免疫能力也将下降。有些学生在课堂上嗜睡、在学校里容易感冒等都与此有关。

（3）温度

教学环境温度的实验研究表明,教室中最适宜的温度在 20～25 ℃ 之间,此时的智力活动最佳。温度每高于这个适宜值 1 ℃,学生的学习能力相应降低 2％,一旦达到 35 ℃ 以上的高温,学生的大脑能量消耗明显增加。温度过低,同样也会产生一系列消极后果,如果教室的温度在 8 ℃ 以下,学生呼吸的气体就会凝结成雾状小水滴,会降低学生大脑皮质的思维记忆力和手指作业的灵活性。另外,教室的温度应保持稳定,不能温差过大。室内温度过高、过低或骤然变化时,不仅会影响学习效率,而且由于学生身体调节机能不够完善,容易引起上呼吸道疾病和感冒。

（4）光线

实验发现,较高的照明度可以使学生对学习任务的注意力提高。日本和我国的有关研究还发现:随着照明度的增大,视力得到相应提高;照明度不足,眼的疲劳急剧加重,所需的调节时间增加。一般情况下,欧美发达国家要求教室需有 300～500 lx 的照度,美术室、学术报告厅则需有 500 lx 以上的照度。我国在 1982 年颁布的《保护学生视力工作实施办法(试行)》中规定:桌面上的照度不低于 100 lx。同国外许多国家相比,这一照度标准显然偏低。

8.3　学校环境物理教育存在的问题及对策

我国学校环境物理教育从起步到发展,所取得的成绩是可喜的,不仅培养了大量的物理环保人才,更为重要的是,通过教育在一定程度上发展和增强了广大学生保护和改善物理环境的意识、知识和技能。目前,学校环境物理教育在已有的基础上正继续向纵深发展,但就其现状来看,依然存在着一系列亟待解决的问题。

8.3.1　影响学校环境物理教育的因素

影响学校环境物理教育的因素很多,有些因素则起着决定性的作用。

8.3.1.1 政府行为

环境物理教育最初进入学校是一种个体行为,有些学校的教师意识到环境物理问题的重要性,在自己的教学中加入环境物理教育的内容。比如在讲光的时候,讲光的污染,并让学生在周围的环境中进行调查,撰写调查报告,向地方政府提出建议等。这是一种体现着 STS 教育理念的教学。但这种情况下学校能否开展环境物理教育完全取决于教师。只有政府把环境物理教育作为学校教育内容的一部分,制定环境物理教育的大纲、目标和课程,环境物理教育才能真正进入学校,保证学校环境物理教育的质量。

8.3.1.2 学校管理者的态度

政府所制定的是宏观的政策,落实到学校则取决于学校管理者的态度。1996 年年底,中央教育科学研究所《环境教育教师培训研究》课题组在北京的 29 所学校进行了教师环境素养的调查,调查结果表明:73.3％的教师认为领导重视是影响学校环境教育的主要因素,其次是教师的环境意识(58.7％),课程设置居第三位(48.7％)。虽然这是一次区域性调查,但也能反映出一些共性的东西。学校的办学方针、价值取向直接影响到学校环境物理教育开展的情况。尤其在中国,学校管理者的态度更是起主要作用,直接影响到学校环境物理教育的开展情况。

8.3.1.3 教师的素质

教师的素质是学校环境物理教育的关键因素。教师能否在教学中有意识地加入环境物理教育的内容,取决于教师的环境物理素养,包括意识、知识、态度、技能。目前教师的环境物理意识还是比较好的,但是环境物理知识欠缺,在行动上不尽如人意。在教学中能有意识地进行环境物理教育的只占很小比例,而且多为物理学教师。因此,提高教师的环境物理素养迫在眉睫。另外,学校环境物理教育师资缺乏,也是制约学校环境物理教育开展的重要因素。这些年,虽然各级教育、环保部门组织了不同层次的师资培训,收到了一定的效果。但是,因为这些培训没有统一的培训模式和教学计划,包括教学目的和教学内容也没有形成完整的培训体系和培训机制,影响了培训质量和培训任务的完成。据调查,目前绝大部分教师没有接受过正规、系统的环境物理教育,他们接受环境物理教育的渠道主要来自社会媒体的宣传,所以他们的环境物理知识是零星的、不系统的,同时也相对缺乏必要的学校环境物理教育的理论及方法的指导,以至于不少学校把环境物理教育仅仅局限于"环保教育"的范畴,或理解成"环境物理污染"的教学。所以迫切需要增加具有新型的绿色教育理念和丰富的环境物理知识、技能的"绿色园丁",以促使学校的环境物理教育事业沿着正确的方向持续发展。

环境物理教育研究

8.3.1.4　应试教育问题

长期以来,应试教育一直困扰着我国各级学校,升学率高低成了评价学校质量的唯一手段。目前,受应试教育思想的影响,学校环境物理教育在学校教学中无法占有应有的地位。特别是到了毕业年级,为使学生集中精力复习迎考,关于环境物理的教育便自然而然地被终止。这种现象的存在,其后果是使学校领导、教师不能够正确认识学校环境物理教育的意义,致使学生无法真正学到环境物理知识,影响学生就业后环境物理意识的发展和环境物理素质的提高,很少有学生能准确解释清噪声、放射性、光污染等基本的环境物理知识概念。

8.3.2　面临问题的解决方法

8.3.2.1　加强对学校环境物理教育的领导

学校环境物理教育是整个国民教育的重要组成部分。各级党委和人民政府要切实加强对学校环境物理教育的领导,动员社会力量,支持、帮助各级学校开展环境物理教育。

各级政府要把学校环境物理教育的经费纳入国家和各级地方政府教育经费的计划渠道,建立以财政拨款为主、其他多种渠道筹措经费为辅的体制,逐渐增加环境物理教育的投入,以保证学校开展环境物理教育经费的稳定来源。

各级教育部门是学校环境物理教育的主管部门,要把环境物理教育列入重要议事日程,切实担负起领导、组织、协调、指导的责任。要认真规划,精心安排,抓好试点,总结和推广先进典型的经验,不断推进本地区学校环境物理教育的开展。对工作出色的单位和个人应予以表彰、奖励。

各级环境保护部门应尽心尽力地配合教育部门抓好学校环境物理教育。要在环境物理教育基地建设、师资培训、教材建设、建立工作联系等方面,多做实事,注重实效,取得成果;要积极协助教育部门开辟学校环境物理教育的经费渠道,建立环境物理教育基金,并在力所能及的范围内提供必要的教育活动经费和教学仪器、设备,以完善学校环境教学的手段。

8.3.2.2　对校长、教导主任等教育主管人员进行培训

目前,在中外环境教育的发展中,许多国家都把注意力集中在培养能胜任的学校环境教育师资的需要上。我国在联合国"环发"大会后召开的全国环境教育工作会议上特别提出,在环境教育中首先要搞好校长、教导主任和教师的培训。学校环境物理教育,学校是重要的执行单位,学校领导重视环境物理教育,就能协调组织各科教师在环境物理教育中的合作共事,并在全校各方面工作中形成支持、配合环境物理教育的气氛,使教师环境物理教育的积极性充分发挥。为提高校长、教导主任等教育主管人员对环境物理问题的认识,教育部与国家环保局

有关部门应利用假期举办校长、教导主任、教研员培训班。为了扩大受训面,有条件的教育学院也应把环境物理教育纳入干部培训当中,一方面提高教育主管人员对环境物理教育的认识,另一方面研究学校环境物理教育计划、实施和管理等问题。

8.3.2.3　开展环境物理教育的师资培训

学校教师对待学校环境物理教育的态度,直接影响着学校环境物理教育的效果,因为教师是联系教育部门和学生的纽带,如果教师自己都不具备一定的环境物理意识以及必要的环境物理知识和技能,那么环境物理教育工作同样也是很难开展的。因此,提高学校领导及教师的环保意识,激发他们的环境物理教育热情,培养一支具有一定的环境物理专门知识与技巧的管理和师资队伍,对于拓展学校环境物理教育局面、加大环境物理教育力度是极为有利的。

8.3.2.4　建立教师环境物理教育培训基地

环境物理教育的师资培训量大面广,必须动员社会力量,采取多种渠道、多种方式开展培训工作。

师范院校应为中小学输送合格的环境物理教育教师。各级各类师范院校都要开设跨学科的环境物理保护课程,使学生能够系统地学习物理环境保护的科学知识,在就业前就受到良好的环境物理教育,具备在中小学讲授环境物理科学知识以及开展环境物理教育的学识、技能和情感。

搞好在职教师的环境物理教育培训工作,充分发挥各级各类教育学院、教师进修学校的主渠道作用,把环境物理教育的师资培训纳入这些院校的继续教育和岗位培训计划,力争使全国各学校的教师均能得到环境物理科学知识的系统培训,形成一支学校环境物理教育的骨干队伍。培训内容不仅包括环境物理科学知识、环境物理教育的基本内容,还包括培养教师的认知、情感和操作技能所需要的教育方法和专业技能。

各级环境保护部门的宣传教育中心应举办一些环境物理教育师资的短期培训班,采用专题讲座、经验交流的形式,提高教师的环境物理科学知识水平和教学能力。

中央和地方电视台、广播电台以及有条件的大专院校,可以采取电视、广播、函授等方式,开展中小学环境物理教育师资的培训工作。

各级教育部门与环保部门应积极组织学校开展教学观摩示范活动,并通过建立联合备课组、集体分析教材、探索教法和编写教案,以达到交流经验、取长补短、在教学岗位上增长才干的目的。

除此以外,还可以有针对性地组织教师进行学习观摩活动,如到环境物理教育先进地区参观考察等。

8.3.2.5　搞好学校环境物理教育的基地建设,创造良好的社会氛围

开展学校环境物理教育,必须取得社会各界的理解和支持。

各级各类自然保护区、森林公园、动物园、植物园、自然博物馆、水族馆以及历史遗迹等,都是学校进行校外环境物理教育的重要场所。各级教育、环保行政部门要会同林业、农业、水利、城建、园林、文化等部门,确定一批学校环境物理教育的基地。教育基地应配备兼职的科技、宣传人员,为学校在基地的环境物理教育活动提供必要的支持和帮助。

各地的自然风光、文物古迹、名胜景点,能够激起人们对祖国壮丽河山和悠久历史文化的热爱之情。要注意发挥这方面的优势来开展环境物理教育,并寓教育于游览观光之中。各旅游景点的导游讲解、文字说明和宣传材料,应适当地包含环境物理科学知识教育、提高环境物理道德意识、激励青少年和儿童热爱及保护物理环境的内容。

各级新闻出版单位和影视部门,要运用报纸、刊物、广播、电视等现代化传播手段,组织儿童和青少年的环境物理教育节目,多出版一些图文并茂的学生环境物理科普读物,潜移默化地向他们灌输环境物理科学知识,提高环境物理意识。

8.3.2.6　转变教育观念,体现以学生为"本"的思想

要尊重学生的主体地位,针对不同年级学生的认知水平,采取相应的环境物理教育手段。一要"形象、直观"。针对学生对新知识好奇心强的特点,采取讲授环境物理污染事故案例或借助录像教学、实物教学等手段,增强他们对物理环境的感性认识。二要做到"收放"结合,着力提高学生的理性认识。"放"是指相信学生,让学生在独立思考和分组讨论中充分和积极地动手、动口、动脑,从而加深对物理环保知识的理解,达到掌握和运用知识的目的。还可以让学生参观附近厂矿企业的环保设施,并请环保人员讲解,让学生亲身感受到环境物理污染的严重后果,这对学生的身心、品德、智力与全面发展以及形成良好的环保行为习惯将会产生积极的影响。"收"是指点拨、总结,在学生思考、讨论的过程中,教师要尽可能多地获取讨论信息,对学生的见解充分肯定,及时表扬,并在总结讨论时力求做到言简意赅。另外,广大教师要以教学内容和教学方法的革新为手段,增强学生的创新意识,培养学生的创新能力和创新精神。鼓励学生参与学校规划,参与制定校园物理环境与发展的各项措施,如校园绿化、节约能源、处理垃圾、控制污染等。

第 9 章 家庭环境物理教育

家庭是社会构成的基本单位。尽管对"什么是家庭"的认识尚有不同,而且随着现代社会的发展出现了一些与过去不同的家庭形式(如单亲、再婚、独身等),但是家庭在社会中的功能仍然保持着重要地位,无论对个人发展还是社会发展来说,家庭都是非常重要的社会生活组织。我们通常认为家庭是建立在婚姻、血缘关系基础和一定经济基础上的亲密合作、共同生活的社会群体。家庭的主要功能是生育功能和教育功能。除此之外,家庭还有经济(消费)功能和娱乐功能。鉴于家庭在社会中的重要作用,因而家庭环境物理教育也是环境物理教育的重要组成部分。

9.1 家庭环境物理教育概述

家庭环境物理教育是指家庭成员的自我及互动的环境物理教育。

9.1.1 家庭环境物理教育是提高全民环境物理意识的基础和重要途径

环保是世界性问题,归根结底在于每一个人的环境意识的提高。只有每一个人真正从自身做起,环境保护才更为有效。家庭是社会的细胞,家庭环境物理教育对整个环境物理保护是最有效和最直接的。孩子在我们的社会里占有很高的地位,他们是社会的未来。家庭的教育职能,就成为保障未来社会正常发展的重要职能。孩子生长在具体的家庭里,并成为其中的一员和这个社会单位的一份子。家庭对于孩子进行基本教育,逐步引导他进入社会生活,接受种种道德准则,考虑自己应持的立场和应起的作用。孩子自从出生到长大成人,要经过复杂的身心发育,逐步地进入社会生活,孩子与社会之间的联系媒介则是其家庭。幼儿时期对于人的个性发展是非常重要的,人的一生在许多方面都取决于他在幼儿时期的教育及他的身心发育。家庭环境物理教育作用不仅对于幼儿期的孩子是重要的,对于年龄较大的孩子也是重要的。

家庭环境物理教育有许多学校和社会环境物理教育不具备的特点,在孩子发展的早期为他们日后的健康成长奠定基础。当孩子进入学校后,家庭教育是学校教育的重要后盾和必要补充。当孩子长大成人进入社会后,家庭教育仍能在各个方面对他们产生影响,家庭教育的职能始终是学校教育和社会教育所不能替代的。青少年是国家的未来,启蒙他们的环境物理意识,培养他们与物理环境之间的情感,引导他们以正确的环境物理观、道德观和价值观去认识人与物理环境的关系、认识物理环境与发展中的问题,使他们从小就具有环境物理意识,这对于提高全民环境物理意识具有战略性的意义。人类的物理环境已受到严重破坏,家庭环境物理教育应作为一项重要的新内容加入家庭教育中去,父母或长辈应有意识地对子女进行环境物理教育,培养他们的环境物理意识。这是提高全民环境物理意识的基础的重要途径,全民环境物理意识的提高是解决全球物理环境问题的根本。

　　环境意识的高低是决定一个国家、一个地区环境质量的基本条件。因此,要解决环境物理问题,人的素质一定要提高,而环境物理教育是提高人口环境素质的基本手段,只有将家庭环境物理教育这个地基打牢,只有将这些观点植入孩子的脑中,未来的一代才能真正树立起高质量的环境物理意识。因此,家庭环境物理教育是解决全球环境物理问题的根本保证,是人类走可持续发展之路的根本保证。

9.1.2　家庭环境物理教育的特点

　　家庭环境物理教育不同于学校环境物理教育和社会环境物理教育。

　　(1) 灵活性:寓教于日常生活之中

　　家庭环境物理教育具有更多的灵活性,可以随场合不同而决定教育时机。它不受时间、地点、内容、材料的限制,生活中的各种活动都可以进行家庭环境物理教育。家庭物理环境本身就是一种固化的语言,具有教育作用。整齐温馨的家庭布置给人以美的熏陶。家庭生活中有很多教育的契机,如家人坐在一起看电视或上网,面临电器的电磁辐射污染;去医院作 X 光或 CT 透视,可以谈谈放射性问题;购买手机,就会比较各种性能,包括电磁辐射量的区别,在比较的过程中可以学习有关电磁辐射方面的知识;购买房屋,要考虑周围交通、工厂、市场等噪声源可能带来的噪声污染问题。这些就是教育的机会,这些教育活动的开展受家庭成员环境物理素养的制约。如果家庭成员的环境物理素养都比较差,在家庭生活中便很难自觉地进行环境物理教育。

　　(2) 实用性:与生活密切相关

　　家庭环境物理教育具有很强的实用性,与家庭生活密切相关。比如,孩子在学校学习中得知家用电器产生的电磁杂波对人体有害,回家与父母讨论此事,这种讨论就是家庭环境物理教育的过程。通过讨论也许会使父母改变生活习惯,尽量减少电磁波的产生。当然也可能父母置之不理。教育并不一定都立刻产生效果,有时是经长期的积累过程慢慢地产生效果。父母督促孩子学习时,可以告诉孩子不要在自然光或人造光等强光下学习,以保护眼睛;孩子在公共场所活动时,告诉他不要大声喧哗,以免产生噪声,影响其他人。这可以有效地提高孩子的环境物理意识,从小养成良好的生活习惯。

(3)参与性:从我做起,身体力行

家庭环境物理教育不以系统学习知识为主,而培养生活习惯和价值观最重要的是实践,家庭提供了参与的机会。家庭环境物理教育使教育者和受教育者在参与中增强环境物理意识。现在休息时间多了,父母可以领着孩子走进大自然。大自然对孩子来说是一本神奇的教科书。在他们的眼睛里,大自然是一个绚丽多彩、充满无数神奇的世界。随着一个个场景的观察,让孩子们逐步明白,世界上的一切生物都是生长在地球的怀抱里,地球是我们共同的母亲,所以我们应该很好地保护她。同时,让孩子们直接感受到在现实生活中我们周边物理环境正受到污染,给人们的生存带来了严重的威胁,从而增强他们热爱和保护物理环境的意识和责任感。

9.1.3 家庭环境物理教育的途径与方法

科技进步带来了丰富的物质,同时也为人们提供了更多的闲暇时间。它改变了人们的工作方式,也改变了人们的学习方式。当代中国家庭的现状是:规模缩小,核心家庭和主干家庭的比重增多。家庭群体的功能也发生了变化,养育功能由保姆和隔代人承担的现象增多,经营功能、娱乐功能以及作为家庭成员的感情依托的功能增强。家庭内部关系发生了变化,亲子关系地位下降,夫妻关系地位上升,家庭中出现权威丧失的现象,家庭的教育功能减弱,但成员间的互动增强。家庭的这些变化决定了家庭环境物理教育的途径和方法。

9.1.3.1 家庭共同学习

环境物理性问题无论对父母还是子女来说都是比较新的问题。在价值观和知识方面都需要进行更新和学习,因此共同学习是一种比较好的方法。在共同学习过程中,家庭成员之间既密切了关系,又发挥了各自的优势,使学习活动变成有趣的家庭活动。

(1)知识问题中心学习

这种学习的目标是掌握环境物理科学知识,培养解决环境物理性问题的科学方法和一般技能,获取对解决日常问题有用的信息。首先确定某一题目,围绕着这个题目进行学习。比如关于室内光污染,家长和孩子可以一起或分头查找有关方面的材料,看看究竟哪些因素能够造成室内光污染,危害是什么。然后大家一起讨论,交换看法,让孩子整理出来。这样既可提高环境物理意识,同时又可培养孩子的学习能力,并增进亲子关系,融洽家庭气氛。最后,找出在自己家中存在的光污染源,并加以解决。

(2)家庭活动中的学习

家庭活动中的学习属于非正式学习。在家庭的生活、娱乐、休闲活动中都可以进行。它又可以分为两类:有意识的学习和无意识的学习。两者的学习资源是相同的,如大众传媒、日常生活、专家提供的信息等。其区别在于有意识的学习是主动地从这些学习资源中获取信息,如定时收看有关环境物理的节目,阅读相关的杂志、报刊等。无意识的学习是在各种活动中被动地获取信息,比如在收看电视时,正好遇到有关环境物理内容的节目,在收看过程中学习了新知识,提高了环境物理意识。在我国目前的情况下,被动学习占大多数。社会舆论是促使被动学习变成主动学习的重要因素。

9.1.3.2　家庭成员间的互助

作为社会的一员,每一个家庭成员都从学校和社会教育中吸取知识。在家庭中,每个成员都可以成为传播者,在家庭中进行互动教育。

西方的科学教育中有一种有效的方法是儿童互助。它是指儿童在学校学习知识之后,在家庭的兄弟姐妹之间或是在邻里间传播所学知识的教学方式,家庭成员之间的互助是有效的家庭教育方式,这种互助学习属于一种特殊的人际传播形式。

人际传播的一般特点是双向交流。无论父母、子女哪一方均可作为交流的主体在教育过程中起主要作用。由于亲子之间具有亲情的联系,信息易于被接受。比如,家长可能已从各种媒体上了解到热污染的危害,但由于各种原因,这件事并未引起重视。现在全校要求学生写篇热污染的小论文,孩子回到家会向父母说起此事。家长出于对子女的关心,可能会帮孩子收集相关的材料。在这一过程中,影响家长行为的主要因素可能是出于对子女的爱,但同时他们也会学到环境物理知识,并提高环境物理意识。这种传播是有效传播。

家庭成员间的互助也可以分为有意识和无意识两种。我们可以把有意识的互助作为家庭环境物理教育的主要方式。这就需要环境物理教育工作者设计活动方案并加以推广。在这方面,父母负有不可推卸的责任,父母应注意提高自身的环境物理素质。我国现有年轻的父母在求学期间甚少接受环境物理教育,他们在物理环保知识、环保行为以及环保意识等方面都或多或少地存在一些欠缺和问题。而年幼的孩子靠模仿学习,父母的意识和行为会在与孩子的朝夕相处中影响孩子。所以父母应加强自身的学习,转变"环境物理教育是成人的事,与孩子无关"的消极观念,充分认识到环境物理教育的重要性和紧迫性,从自身做起,从现在做起,为孩子们树立良好的榜样。父母要引导孩子欣赏物理环境、热爱物理环境、尊重物理环境。对幼小的孩子进行环境物理教育切忌坐在家里"苦口婆心",孩子喜欢一切活泼美丽的事物,一只小兔、一朵小花都可激发孩子爱美向善之心,所谓"一草一木皆有生命,一沙一石都有感情",让孩子在与物理环境相互的感情投射中学会欣赏、热爱和尊重物理环境。

9.2　编写家庭环境物理教育的材料

家庭环境物理教育属于非正规教育,在家庭成员之间进行。因为家庭成员的环境物理素养决定着家庭环境物理教育的质量,而他们的环境物理素养除受彼此之间的影响外,还受学校环境物理教育和社会环境物理教育的影响,因此,并不是每个人都具有影响其他家庭成员的知识和能力。为了使家庭环境物理教育更加有效,需要专业人员来研究和编写家庭环境物理教育的材料,以便人们更加方便、更加系统地掌握物理环境知识。这种教育材料的编写要以生活为中心,不以理论为主。教材要简明易懂,讲明各种污染类型及其危害,以及应当采取的生活方式。下面是三个例子。

9.2.1　居室物理性污染来自何方

电磁波是在空间传播的交变电磁场,它在真空中的传播速度约每秒 30 万 km,人类及地球上的生物都处在电磁场的包围当中。因其无处不有,穿透到每个角落,人们称其为"电子烟雾";又因其肉眼看不见、摸不到,无色无味,故又称为"看不见的战线"。全世界约有 2 亿个无线广播电台和电视台,在日夜不停地发射着电磁波,使我们能接收到电视信号或是收音机信号。人类生活使用的家用电器(如微波炉)产生着电磁辐射,是居室中重要的辐射源。

(1)家电的噪声污染

家电的噪声污染最易被人们所察觉,也最易被人们所忽视。洗衣机、电风扇等家电都发出各种不同的频率和强度的噪声,使人十分烦躁。因为噪声不仅扰乱了人们的正常工作、学习和生活,而且对人体健康危害很大,这是我们都知道的事实。据研究,人们所适从的声音强度一般为 15~35 dB,如果家电噪声为 40 dB 强度,则开始干扰睡眠,超过 60 dB 时便影响工作。通常家电强度为:电冰箱最低达 30~40 dB,电吹风最高达 80 dB,收音机 80 dB,洗衣机 40~80 dB,电视机约为 65 dB,电风扇 45 dB,全部远远超过人体的承受能力,如果家庭同时开动几个电器,噪声影响可想而知。于是,噪声综合征应"噪"而生,噪声特别影响人体的新陈代谢,可以减少人体唾液和胃液分泌量,损害视觉功能和消化功能。

人们或许不知道还有一种听不到的声波同样对人体有害,那就是次声波。人的耳朵只能听到频率在 20～20 000 Hz 之间的声音,而低于 20 Hz 的声音人们就不可能听到了,次声波就是频率在 20 Hz 以下的声波。虽然这些家用电器动力设备产生的次生波能量不大,但当它与周围的设备产生共振时,其能量就会变得十分强大,而且传播较远。

次生波不仅来源广、传播远,而且穿透能力很强。实验数据表明,当次生波穿过厚厚的墙壁时,强度无明显减弱;若在大气中传播千里,衰减也不到百分之几。可想而知,次生波能够穿透厚厚的墙壁以及其他物体,因而也能穿透人体,给人体健康带来危害。科学家们发现,当次生波的振荡频率与人们的大脑节律相近且引起共振时,能强烈刺激人的大脑,轻者恐惧、狂癫不安,重者突然晕厥或完全丧失自控能力,乃至死亡。当次生波振荡频率与人体内脏器官的振荡节律相当,而且人处在强度较高的次生波环境中,五脏六腑就会发生强烈的共振,刹那间大小血管就会一齐破裂,导致死亡。

正因为次生波对人体能造成危害,世界上有许多国家已明确将其列为公害之一,并规定了最大允许次生波的标准,并从声源、接受噪声、传播途径入手实施了可行的防治方法。防止振动危害的最重要途径,就是设法减少机械振动,或者采用减振、隔振等装置。如果人们不可避免地要在振动环境中工作,可以用弹性垫子或者用带子固定身体来减少振动的影响。

（2）家电中光的污染也是不可忽视的

强烈的灯光、刺眼的电视、电脑和智能手机屏幕都会给人带来一种炫光的感觉,经常开灯睡觉的人容易患有眼疾或失眠等病症。

（3）使用微波炉的影响

微波炉的电磁波对人的大脑有不良影响,能令人生怒或情绪沮丧,假如每天都长时间使用微波炉,这种影响将更大。科学家认为,工作中微波炉的微波影响范围可达 6～7 m,所以,在使用时要与微波炉保持 7 m 以上的距离。

9.2.2　家庭中的放射性污染

9.2.2.1　装潢材料中的放射性

20 世纪 90 年代初,四川某厂家属楼先是有人严重贫血,再是数人白细胞降低,后来竟有一位妇女莫名其妙地流产,一时间满城风雨、人心惶惶。后经鉴定,证实"作祟者"原来是 80 年代中期建造该楼所用工业废渣制成的廉价建材中含有超量放射性物质。一些厂家为使地砖、陶瓷品光洁耐用,加入锆英砂进行釉面加工,锆英砂中含有大量放射性物质,自然增加了放射性物质的危害,工业废煤炭渣制成的砖以及磷矿渣、磷石膏、煤灰制成的水泥等建材,都有放射性元素,其放射性水平最容易超过国家卫生标准。

9.2.2.2　放射性辐射可引起的疾病

UNSCEAR(联合国原子科学委员会)1993 年报告指出,来自天然的辐射对公众的有效剂量,其中氡及其子体的贡献占 54%。弥漫在空气中的氡衰变为氡子体,它们是一些肉眼看不见的极微细的、放射性金属粒子,随空气被人吸入肺部。进入肺的氡子体部分黏着在支气管表层黏膜上,部分侵入体液进入肺细胞组织。氡在细胞组织内继续衰变,不断产生 γ 粒子,进入肺细胞的放射性 γ 粒子被美国科学家称为"小能量炸弹"。高浓度的氡可直接导致肺癌、白血病和呼吸道病变,这已被铀矿工人的流行病学以及相关实验研究证实。我国预测氡及其子体所致肺癌占公众肺癌的 3%～20%。美国权威机构统计,美国每年肺癌死者之中约 8%～20% 是氡所致,成为仅次于吸烟的第二位致癌因素。

科学家普遍认为:导致肺癌的危险度,取决于氡的浓度和暴露时间的长短,肺在高浓度氡中的暴露时间越长,引发肺癌的危险性就越大。

那我们为什么没能注意放射性污染呢? 这是因为:① 氡气没有明显的物理特征,在其自然产生过程中,看不见,闻不着;② 氡的危害有一定的潜伏期,在受辐射后多年才能观察到;③ 许多其他因素产生的癌与氡产生的癌很难区别;④ 没有直接由氡导致死亡的事例;⑤ 氡引发癌症危险度有很大的不确定性;⑥ 氡照射的问题十分复杂,有些地区虽然氡浓度高,但它所导致的癌症病人并不成正比例增高等。

9.2.2.3　建材中的放射性水平

就传统建材而言,其放射性物质的含量因建材种类及产地不同而有很大差异。通常,花岗岩、页岩、浮岩等岩石类建材的放射性含量相对较高,砂子、水泥、混凝土、红砖次之,石灰、大理石较低,天然石膏、木材最低。随着工业和"三废"治理的不断发展,许多工业废渣被用作建材,取得了明显的经济和社会效益。但由于工业废渣往往对放射性物质有不同程度的富集,因而使工业废渣建材如粉煤灰砖、磷石膏板等的放射性有所增强。

9.2.2.4　家庭装饰大理石、花岗岩石对居室的影响

(1) 大理石、花岗岩石中放射性的来源

越来越多的石材涌入市场,花岗岩、大理石等最多,或用于做地砖铺设地面,或用于贴面装饰炉台、窗台,这的确给居室增添了不少华丽温馨的情调,但却有无数"隐形杀手"不知不觉在侵害你的身体。

自然界的花岗岩或大理石在地质形成过程中捕获大量放射性元素如钍、铀等,在住房装修材料中大量使用大理石、花岗石,这些含铀、钍的花岗石或大理石会释放出一种无色无味的惰性气体氡,它会使人们出现头晕、白细胞降低等症状。假若室内通风不良,人体长期受到高浓度氡的辐射,可导致肺癌、白血病及呼吸道等方面的疾病。这就是居室中大理石、花岗石及其他装潢材料给人们带来的放射性的危害。

　　大量资料表明,建筑材料中的放射性来源于地球形成之时就已存在的天然放射性核素,它衰变所产生的电离辐射(又称放射线或原子辐射)我们称之为地球本底电离辐射。它同来源于宇宙未被大气层所吸收的宇宙本底电离辐射一起组成了我们人类共同接受到的天然本底电离辐射照射。由于人类自古以来就受到天然本底电离辐射的照射,在长期的进化和生活过程中已"习惯"其作用,因此它不会给人类带来什么危害。目前,部分国家通过医学流行病学调查证实,绝大多数情况下,天然本底辐射照射的增加,尚无对人体有危害的案例。但在一些特别情况下(如环境中氡气浓度增加)则对人类有相应的致癌效应。国内外对人类的居住环境和地下采矿工作环境的医学流行病学调查资料显示,环境中氡气浓度增加,则相应人群的肺癌等的发病率也增加。居室中岩石及其建材的放射性可能带来的危害就属于这种情况。

　　(2) 放射物质进入人体的途径

　　天然放射性核素给人类带来危害主要通过两种途径:一种是核素在衰变过程中放射出的电离辐射——α、β、γ 射线直接照射到人体所致,我们称之为外照射;另一种是核素通过食物、水、大气等媒介摄入人体后自发衰变放射出电离辐射所致,我们称之为内照射。岩石建材的危害主要通过内照射来实现。

　　更具体地说,岩石建材的放射性危害是通过其含有超量的放射性核素——镭实现的。镭是天然放射性核素中铀系和钍系衰变链中的一个中间衰变核素,它继续发生衰变会产生气态放射性核素——氡,氡气从固体中析出游离到空气中,通过人类的呼吸进入人体的外呼吸系统,继续衰变成固态的放射性核素——钋,钋可附着在人类的呼吸道黏膜上。钋在衰变成稳定元素铅的同时,会放射出能使身体细胞畸变的极强的电离辐射(α 射线)。当氡及其子体对细胞损伤的量超过人类个体的修复能力时,就会发生癌变效应。

　　由于镭的半衰期达 800 多年,一旦某种建筑材料被选定,其释放到环境中的氡气量在几百年之内即可视为一个稳定值。因此,要限制居住环境和工作环境中的氡浓度,控制岩石建材的放射性核素含量是其中的一个重要环节。国外的医学流行病学调查资料显示,人类 15％的肺癌患者发病与其摄入氡及其子体的量增加有关。

9.2.2.5　防治建筑材料放射性污染的措施

随着人们对建筑物放射性危害的关注,纷纷要求有关部门对建筑材料进行测定。对此,我国分别在 1995 年和 1996 年制定了《含放射性物质消费品卫生防护管理规定》和《含放射性物质消费品的放射卫生防护标准》,目的就是要把含放射物品的应用对消费者的辐射剂量控制在尽可能低的合理水平。

在购买岩石建材时,要审核其有无当地放射卫生防护管理部门发放的生产许可证、放射卫生合格证,每种建筑材料成品有无该单位的质量管理部门定期的放射卫生检测报告和当地市级放射卫生监管机构的抽检报告。此外,对于花岗岩而言,颜色越红含放射性元素的可能性也就越大。

第 10 章　社会环境物理教育

人类只有一个地球,保护和改善人类生存的环境,需要全球、全社会的参与和努力。作为一项公益事业,环境物理保护事业搞得好坏直接关系每个人的切身利益,这项工作单一靠政府或某个部门是不可能做好的,必须要依靠全社会的努力,得到方方面面的重视和支持。因此,环境物理教育是面向全社会的教育。

10.1　社会环境物理教育概述

广义的社会环境物理教育是指与学校环境物理教育、家庭环境物理教育并行的社会生活影响个人身心发展的环境物理教育活动;狭义的社会环境物理教育是指家庭和学校以外的一定的社会环境物理教育机构和文化教育设施,通过社会的舆论宣传、交往等活动,对广大社会成员(包括青少年)施加教育影响,以养成其具有社会所需要的环境物理知识、品德和能力的活动。

10.1.1　社会环境物理教育的特点

社会环境物理教育的特点主要表现在以下几个方面:① 对象的广泛性。社会环境物理教育的对象下至少年儿童,上至老年人,具有家庭教育和学校教育不可比拟的广泛性。② 内容的多样性。社会环境物理教育的对象是广泛的,因而通过丰富多彩的教育内容来满足不同年龄阶段、不同职业、不同文化程度和不同兴趣爱好的人的需要。③ 及时性。社会环境物理教育对外界出现的新东西反应比较快,能以比学校教育快得多的速度向人们提供新的知识、技能。④ 补偿性。一个人从学校走上社会以后,会发现在学校学到的一些东西,随着社会和人自身的发展而变得陈旧,而大量工作和生活所必需的环境物理知识和技能又从来没学过。社会环境物理教育就是对学校教育的这种缺陷加以补偿。⑤ 方式的灵活多样性。为了不使某些人的学习机会受到限制,社会环境物理教育的形式是灵活多样的,并且十分注重利用广播、电视等先进传播手段。⑥ 强大的渗透性和感染力。社会环境物理教育的上述特点决定了其具有强大的渗透性和感染力。由于教育内容包罗万象,能充分满足受教育者的需求,易于引发他们的求知欲,激发他们的兴趣,受教育者的价值取向更易受社会环境物理教育的内容、形式所左右,在实际操作中也能较快地被理解和掌握。

10.1.2　社会环境物理教育的作用

了解、认识和掌握上述特点,有助于我们更好地发挥社会环境物理教育的作用。概括地说,社会环境物理教育的作用有:

① 直接促进社会主义精神文明的建设。社会环境物理教育涉及面广,与现实生活紧密地结合在一起,所以,通过良好的社会环境物理教育,有利于改变社会的不良习气,提高社会全体成员的环境物理思想觉悟和道德水平,其作用比学校环境物理教育更大、更显著。

② 可为学校环境物理教育创设一定的环境条件。社会环境物理教育的内容广泛,形式多样,能弥补学校环境物理教育的不足之处。由于青少年身心的发展与一定的社会生活密切联系,如果我们重视社会环境物理教育,积极倡导和形成良好的社会氛围,增强社会成员各方面的素质水平,就可为学校环境物理教育创设良好的客观环境,以利于学校环境物理教育效率的不断提高。否则,势必削弱学校环境物理教育的效果。

③ 有助于培养和提高受教育者的自我教育能力。在教育活动中,受教育者可以相对自由地选择教育内容和方式,经过自己的一番思考和判断,确认符合自身所需,即加以接受并付诸行动,逐渐成为自己的思想倾向和行为习惯,从而培养和提高自己的识别力和自我教育能力。

10.1.3　影响社会环境物理教育的因素

社会环境物理教育开展得如何,取决于几种相关联的因素。

(1)世界舆论

最早的环境物理保护并不是政府的决策,而是学者和物理环境污染受害者发出的呼吁。这些呼吁汇成世界舆论,推动着环境物理保护事业的发展。如苏联切尔诺贝利核电站事故,引起学者和受害者的呼吁,从此,世界各国政府开始重视核问题和核教育,召开了多次世界会议,各国也开始制定核环境物理保护条例和法规。世界舆论的作用还在于能使物理环境尚未遭到完全破坏的国家认识到环境物理性问题的重要性,走可持续发展的道路,避免走发达国家走过的弯路。

(2)国家政策和法律

环境物理教育研究

环境问题与发展密不可分,环境与发展的主要问题为人口、自然资源、污染、生物多样性等。这些问题的存在需要靠国家政策和法律来解决,把环境问题的解决纳入法律程序。国家如何发展,采取怎样的发展观和发展模式,是由国家政策决定的。正是这些决策影响着环境与发展的质量。我国制定了一系列的法律政策和措施,把环境保护作为一项基本国策。1994年3月,《中国21世纪议程——中国21世纪人口、环境与发展白皮书》从人口、环境与发展的具体国情出发,提出了中国可持续发展的总体战略、对策以及行动方案。正是由于国家政策的确立,环境教育才得以顺利开展。尤其是社会环境教育,新闻媒体加大了对环境保护的宣传,并把环境教育作为培训党政干部的一项重要内容。

(3) 文化的影响

文化是社会的重要组成部分。狭义的文化专指精神文化,即社会的思想道德、科技、教育、艺术、文学、宗教、传统习俗及其制度的复合体。文化既是经济、政治作用于教育的中介,同时又有相对独立性,对教育产生独立主动的影响。文化对社会环境物理教育的影响体现为两方面:纵向来看,文化传统、人的文化素质和文化结构要素以及人们的文化心理状态构成社会中人的行为模式。中国传统文化中有"天人合一"与"自然和谐"等思想,而且中国传统的勤俭节约美德正是值得倡导的价值观。横向来看,文化的交流和传播也影响教育。中国的改革开放,使中国和世界在各个方面的距离不断拉近。外国文化生活方式随之涌入,对中国人特别是年轻一代起着不可低估的作用。这其中有很多是消极的和不利的影响。西方的生活方式成为西方社会环境污染的最大制造者,同时也是能源的最大消耗者。如果我们都采取这种生活方式,现在可使用的资源就会迅速枯竭,这也是我们现在的科学和能源制造能力所无法补偿的。

10.2　社会环境物理教育的途径

为便于归类,我们按照组织形式将社会环境物理教育的途径划分为两大类:一类是政府行为的社会环境物理教育,另一类是非政府行为的社会环境物理教育。

10.2.1　政府行为的社会环境物理教育

政府行为的社会环境物理教育又可以分为两个方面,即非正规教育和非正式教育两种。

10.2.1.1　非正规教育

非正规教育是正规教育的某种继续,但并不一定具有正规教育的过程。非正规教育的教学目的具有实用性和直接性,并与个人的学习需要和国家发展要求相一致。它是有组织的,但不是充分制度化的;是系统的,但不是完全常规化的。它由各种经济的、社会的和政治的机构负责实施。

除中小学及大学中进行的环境物理教育以外,继续教育中的环境物理教育是社会环境物理教育的主要途径。随着终身教育的发展,继续教育已经成为教育系统中非常活跃和发展迅速的力量。

10.2.1.2　非正式教育

非正式教育是指不通过正式途径的教育形式,是无组织的教育过程,没有专门的教育机构。非正式教育的特点是通过个人的努力和经验得到教育,其主要知识来源不是参与某一教育组织,不是系统学习。在现代社会中,非正式教育的方式很多,其中主要有大众媒介、公共信息、别人的示范等。

这种非正式的社会环境物理教育在我国主要是指环境物理宣传工作。目前大多数人的环境物理意识还是来自这种非正式教育,因为它直接涉及每一个人,并且在日常生活中就可以得到。

10.2.2　非政府行为的社会环境物理教育

10.2.2.1　环保社团开展的社会环境物理教育

我国政府十分支持、鼓励发挥环保社团组织的作用。随着改革开放和市场经济的建立,环保社团不断发展壮大,公众对环保社团的认识也在不断提高。同样,随着环境保护事业的发展,一些环保热心人士和志愿者自愿组织起来,开展一些保护环境、消除污染的活动。同时,公众日益认识到,大家的利益和愿望也可以通过环保社团发挥作用,使之得到解决。因此,环保社团开展的各项公益活动,越来越受到公众的重视、支持和参与,环保社团正成为社会环境物理教育的积极力量。

（1）环保社团的分类

根据不完全统计,我国有关环保社团 2 000 余个,按地域分类可分为全国性环保社团和地方性环保社团及单位内部环保团体。

全国性环保社团的名称一般冠有全国、中国、中华字样,如中华环境保护基金会、中国林学会等。目前,全国性环保社团有 100 余个。

地方环保社团是指包括省(市)和省(市)以下的地区性环保社团,其中包括省、自治区、直辖市级的环保社团。省(市)级环保社团和县级环保社团,如内蒙古自治区环境科学学会、天津市环境保护产业协会、辽宁省环境医学学会等。地市级环保社团,如贵阳市环保产业协会、福建省南平地区环境科学学会、南通市资源综合利用协会等。县(区)级环保社团,如江苏省铜山区环境保护学会、北京市密云区环境保护学会等。

单位内部团体是指经过本单位批准成立,由单位内部人员自愿组成的,在本单位内部活动的环保团体,如清华大学绿色协会、北京大学绿色生命协会、北京师范大学生物学社等。

(2) 环保社团在环境物理保护中的作用

作为社会团体尤其是环保社团,在推动和促进环境物理保护事业发展过程中将发挥着越来越大的作用。

① 建立公众参与渠道和激励机制。通过环保社团,一方面可以让国内外各种组织、团体和个人采取自愿捐献资金、物质、时间或信息等形式,参与环境物理保护活动,支持和促进环境物理保护事业的发展;另一方面,环保社团利用筹集的资金和物质建立一种激励机制,通过奖励和资助的形式激励人们热心并投身于环境物理保护事业。

② 利用各种渠道和形式宣传群众、动员群众,编辑出版书刊,举办讲座、论坛、报告会、研讨会、展览会,利用电视、电台、报刊和网络等广泛开展环保物理科普宣传工作,推动全民环保物理知识的普及,促进全民环境物理意识的提高。

③ 通过新闻媒体宣传保护和改善环境的好人好事,推广和应用科技成果,揭露并谴责破坏物理环境和生态的丑恶行径,形成和维护良好物理环境的社会公德。

④ 组织学术研讨和实地考察,为政府宏观决策、经济建设以及制定政策、法规、标准和环保规划等提供可行性建议和科学依据。

⑤ 代表不同地区、不同行业、不同方面的人民群众,向政府反映各自的愿望和要求,参与政府决策物理环保的相关问题。同时又将党和政府有关环保的方针、政策向企业和广大人民群众进行宣传,使社会各界进行自我教育、自我管理。增进政府与企业、政府与公众、企业与公众相互之间的沟通和联系,成为党和政府联系群众的桥梁和纽带。

⑥ 在政府财力不及之处,动员并组织社会力量,积极开展与环境物理保护相关的活动,号召公众支持并参与环境物理保护事业。

⑦ 与国际和外国相关机构或组织开展交流和合作,引进先进技术与管理经验,提高我国环境物理建设与管理水平。

⑧ 进行前瞻性研究,组织较高层次的专家学者及各类专业技术人才,跟踪国际先进的环境物理管理、环境物理政策和科学技术。

总之,在环境物理保护全民化的过程中,环保社团将是一支生力军,发挥政府、企业或其他组织不可取代的作用。

（3）环保社团开展的活动

环保社团和其他社团一样，都是民间非营利性组织，开展活动的资金主要靠会费收入和社会各界的捐赠。各类环保社团根据其宗旨和任务，在力所能及的条件下发挥各自的优势，积极开展一些与环境物理保护相关的活动，以此推动环保社团和环保事业的开展。

10.2.2.2　社区环境物理教育

20 世纪 80 年代以后，社区教育在中国有了很大的发展，如上海进行了社区教育模式的探索。在农村也越来越呈现出教育社区化的趋势，尤其是乡一级社区教育在农村发展中发挥了巨大作用。社区教育强调社区成员对教育价值的认同和积极参与意识，它强调培养人们服务于社区的经济发展能力和物理环境认同感，改善和提高社区成员（包括学生）的生活方式（生活质量）、文化素质。社区教育和社区活动成为社区成员联系的纽带，可在社区中形成一种共同的文化和价值取向。社区教育和活动也是环境物理教育的又一重要途径。

参 考 文 献

[1] 蔡守秋.论环境道德与环境法的关系[J].重庆环境科学,1999,21(2):3-6.

[2] 曹晨,沈艳,顾宁.电磁辐射对人体健康影响的多组学研究进展[J].南京医科大学学报(社会科学版),2022,22(4):318-324.

[3] 程发良,常慧.环境保护基础[M].北京:清华大学出版社,2002.

[4] 高艳玲,张继有.物理污染控制[M].北京:中国建材工业出版社,2005.

[5] 广州市海珠区仁和直街小学课题组.学校环境教育工程实施方案[J].教育导刊,2002(9):56-57.

[6] 国家环境保护总局办公厅.环境保护文件选编:2001[M].北京:中国环境科学出版社,2002.

[7] 国家环境保护总局宣传教育司.中国高等学校环境教育的实践与探索[M].北京:中国环境科学出版社,1998.

[8] 和沁.可持续发展环境伦理观述评[J].云南行政学院学报,2003,5(2):126-127.

[9] 赫伯特·英哈伯.环境物理学[M].任国周,赵瑞湘,译.北京:中国环境科学出版社,1987.

[10] 靳小平,石钟琴.高校德育工作中学校教育和社会教育的关系[J].内蒙古农业大学学报(社会科学版),2002,4(2):12-15.

[11] 李培超,王超.道德教化与生态化:环境犯罪的环境伦理教育调控[J].湖南公安高等专科学校学报,2003,15(3):3-7.

[12] 李胜浓.5G移动通信基站电磁辐射对周围环境的影响[J].皮革制作与环保科技,2022,3(15):164-166.

[13] 李韬,李蔬君.转型期中国环境道德建设刍议[J].社会,2001,21(8):12-13.

[14] 林培英.环境问题案例教程[M].北京:中国环境科学出版社,2002.

[15] 林宪生.学校环境教育的哲学思考[J].西北师大学报(社会科学版),2001,38(5):58-61.

环境物理教育研究

[16] 林一帆.微波的危害和屏蔽防护[J].上海工程技术大学学报,1995,9(4): 8-12.

[17] 林肇信.环境保护概论[M].2版.北京:高等教育出版社,1999.

[18] 刘继和.国际环境教育发展历程简顾:以重要国际环境教育会议为中心 [J].环境教育,2000(1):38-41.

[19] 刘建辉.论环境法的价值[J].河北法学,2003,21(2):67-72.

[20] 刘俊英.论环境道德建设[J].烟台大学学报(哲学社会科学版),2000,13 (3):322-329.

[21] 刘树华.环境物理学内涵及发展方向[J].现代物理知识,2010,22(2): 25-30.

[22] 刘文魁,庞东.电磁辐射的污染及防护与治理[M].北京:科学出版 社,2003.

[23] 吕殿录.环境保护简明教程[M].北京:中国环境科学出版社,2000.

[24] 马桂新.环境教育学[M].北京:生活·读书·新知三联书店,2003.

[25] 潘仲麟,黄有兴,张邦俊,等.环境物理学的产生及其学科体系[J].杭州大 学学报(自然科学版),1995,22(S1):29-33.

[26] 潘仲麟,张邦俊.浅谈环境物理学[J].物理,1996,25(12):736-738.

[27] 钱易,唐孝炎.环境保护与可持续发展[M].2版.北京:高等教育出版 社,2010.

[28] 闪惠琴.环境道德:道德建设的新领域[J].河南纺织高等专科学校学报, 2002,14(2):29-30.

[29] 孙方民.环境教育简明教程[M].北京:中国环境科学出版社,2000.

[30] 孙胜龙.家庭环保知识问答[M].北京:化学工业出版社,2002.

[31] 唐建生,马铭,周晚田,等.论环境道德与环境道德教育[J].环境教育,2003 (2):24-25.

[32] 王冬桦.人类与环境:环境教育概论[M].上海:上海教育出版社,1999.

[33] 王树恩,陈士俊.人类与环境[M].天津:天津大学出版社,2002.

[34] 王土贵.论高校环境教育的意义、目标及途径[J].重庆科技学院学报(社会 科学版),2011(19):193-194.

[35] 王慰.论环境道德的特征及其实践途径[J].陕西环境,2002(4):12-14.

[36] 王晓燕.学校、家庭、社会教育相结合促进素质教育[J].贵州教育,2000 (6):9.

[37] 武世龙.家庭教育中实施素质教育的几项原则[J].鞍山师范学院学报, 2003,5(1):93-95.

环境物理教育研究

[38] 熊絮茸. 可持续发展战略与环境道德[J]. 华东经济管理,2000,14(6): 83-84.

[39] 徐辉,祝怀新. 国际环境教育的理论与实践[M]. 北京:人民教育出版社,1998.

[40] 应祥泰. 关于学校、家庭和社会教育问题的思考[J]. 南平师专学报,2001, 20(2):116-119.

[41] 俞誉福. 环境放射性概论[M]. 上海:复旦大学出版社,1993.

[42] 渊小春,范中和,王欣. 物理学中环境教育的内容体系[J]. 陕西师范大学学报(哲学社会科学版),2000,29(S1):240-243.

[43] 曾建平. 试论环境道德教育的重要地位[J]. 道德与文明,2003(2):60-63.

[44] 张宝杰. 环境物理性污染控制[M]. 北京:化学工业出版社,2003.

[45] 张驰,刘丽敏. 物理污染及其对人类的危害[J]. 云南环境科学,2000,19 (4):48-50.

[46] 张辉,刘丽. 发展中的新兴学科:环境物理学[J]. 沈阳师范学院学报(自然科学版),1999,17(1):62-67.

[47] 张力化. 生态文明视域下大学生环境道德意识培养对策探究[J]. 长春工程学院学报(社会科学版),2017,18(4):11-14.

[48] 赵永志. 试论生态建设的环境道德教育支持[J]. 技术经济,2001,20(11): 21-22.

[49] 郑丹星,冯流,武向红. 环境保护与绿色技术[M]. 北京:化学工业出版社,2002.

[50] 周传志,戴庆洲. 谈建立家庭教育与学校教育的新型关系[J]. 漳州师范学院学报(哲学社会科学版),2003,17(1):107-111.

[51] 周佩德,王金桥,周培义. 对"减负"后实施学校环境教育的要求[J]. 环境教育,2000(5):18-19.

[52] 朱雄. 物理教育展望[M]. 上海:华东师范大学出版社,2002.

[53] 朱亦仁. 环境污染治理技术[M]. 3版. 北京:中国环境科学出版社,2008.

[54] 左玉辉. 环境学[M]. 北京:高等教育出版社,2002.